园林植物·营建·管理丛书

# 园林经济管理

张祥平 编著

中国建筑工业出版社

**图书在版编目(CIP)数据**

园林经济管理/张祥平编著. —北京：中国建筑工业出版社，1996.7(2006.7重印)

(园林植物·营建·管理丛书)

ISBN 7-112-02596-6

Ⅰ.园… Ⅱ.张… Ⅲ.园林—经济管理 Ⅳ.TU986.3

中国版本图书馆 CIP 数据核字(2006)第 082081 号

本书包括经济和管理两大部分。其中，经济部分包括：经济发展和园林需求、经济决策和园林供给、经济效益和园林规划；管理部分包括：质量数量管理和园林建设、物质金钱管理和园林经营、人员信息管理和园林发展。最后一章介绍计算机辅助经济管理的知识。

\* \* \*

责任编辑：李 让

园林植物·营建·管理丛书

## 园 林 经 济 管 理

张祥平 编著

\*

中国建筑工业出版社出版、发行（北京西郊百万庄）
新 华 书 店 经 销
北京市兴顺印刷厂印刷

\*

开本：787×1092 毫米 1/16 印张：8¾ 字数：211 千字
1996 年 4 月第一版 2006 年 10 月第四次印刷
印数：7,301—8,800 册 定价：**11.00** 元
ISBN 7-112-02596-6
S·19 （7681）

版权所有 翻印必究
如有印装质量问题，可寄本社退换
（邮政编码 100037）

本社网址：http://www.cabp.com.cn
网上书店：http://www.china-building.com.cn

# 出 版 说 明

随着我国城市建设的发展，人民生活水平的提高，环境绿化美化已成为人们的普遍要求。为了适应我国园林事业发展的需要，我们结合多年教学、科研和生产经验，借鉴国外园林先进技术，编写了本套园林植物·营建·管理丛书。本丛书共 14 册，包括：植物形态生理学、土壤肥料学、园林植物昆虫学、园林植物病理学、园林树木学、城市植物生态学、园林植物育种学、园林苗圃学、花卉学、园林设计、园林工程、园林经济管理、城市园林绿地规划及园林制图等。

这是目前国内一套较系统的园林科技丛书，既包括园林专业基本知识、基本理论和基本技能，又有最新应用技术和研究成果，内容充实，文字精练，可供园林、城市林业、园艺等方面的科技人员参考，也可作农林院校有关专业的教材。

本丛书由北京农学院有多年教学经验和实践技能的教师编写。在编写过程中还参考了国内外一批有价值的图书和资料，故本丛书的内容具有一定的先进性。

由于编者业务水平有限，加之时间仓促，书中不足之处在所难免，请广大读者批评指正。

《园林植物·营建·管理丛书》编委会
1995 年 3 月

# 目 录

出版说明
第一章　绪　论 ................................................................. 1
　第一节　园林与园林行业、经济与经济管理 ........................... 1
　第二节　几个数量指标 .................................................... 3
　第三节　园林经济管理的特点 ............................................ 7
第二章　经济发展与园林需求 ................................................. 9
　第一节　分工与分层（城堡）、交流与整合（城市） ................. 9
　第二节　工业革命与城市环境的变迁 ................................... 11
　第三节　城市的园林需求（一）：公共产品与基础设施 ............ 14
　第四节　城市的园林需求（二）：法人产品和休娱设施 ............ 15
第三章　经济决策与园林供给 ................................................ 22
　第一节　决策：组分、结构与时空选择 ................................ 22
　第二节　决策者与园林供给 .............................................. 22
　第三节　决策指标与园林供给 ........................................... 23
　第四节　决策程序与园林供给 ........................................... 26
　第五节　决策参照与园林供给 ........................................... 29
　第六节　多目标评价简介 ................................................. 30
第四章　经济效益与园林规划 ................................................ 35
　第一节　经济效益：实效/产出、产出/投入、利润/成本 ........... 35
　第二节　规模效益：成片绿地面积及单位面积投资 ................. 37
　第三节　结构效益：苗花、绿地、行道树与公园 .................... 39
　第四节　生产要素效益：投入产出分析 ................................ 41
　第五节　资金财务效益：成本利润分析 ................................ 45
第五章　质量数量管理与园林建设 .......................................... 50
　第一节　经济管理：减少无效劳动和浪费 ............................. 50
　第二节　质量管理：设计、生产（施工）、养护 .................... 51
　第三节　数量管理：调度、定额、进度 ................................ 55
　第四节　管理机构（组织） .............................................. 59
第六章　物质金钱管理与园林经营 .......................................... 63
　第一节　经营：减少无效消耗量——物与钱的周转和盈亏 ....... 63
　第二节　物资管理：计划、采购、储备、取用
　　　　　产品管理：贮存、包装、定价、流通、售后服务和反馈 .... 65
　第三节　设备管理：安装调试、高效可靠、保养维修、折旧报废、
　　　　　更新换代 ........................................................... 67
　第四节　活物管理：生态、代谢、繁殖、驯化、修剪、改良、更新、

|  |  | 防止人为损害 ……………………………………………………… | 69 |
|---|---|---|---|
|  | 第五节 | 基础设施管理：清洁卫生、制止随意刻涂、维修设施、 |  |
|  |  | 防范违章建筑 ………………………………………………… | 70 |
|  | 第六节 | 财务管理：预算、收入、支出、决算、监督（金融保险 |  |
|  |  | 及会计常识） ………………………………………………… | 70 |
|  | 第七节 | 生产与经营 …………………………………………………… | 78 |
| 第七章 | 人员信息管理与园林发展 …………………………………………… | | 86 |
|  | 第一节 | 人与发展：系统权衡与信息文明 …………………………… | 86 |
|  | 第二节 | 人力管理（一）技能管理：体质、特长、经验、覆盖度 …… | 90 |
|  | 第三节 | 人力管理（二）知能管理：学历、实绩、资历、应变能力 … | 91 |
|  | 第四节 | 人才管理：发现、发挥（使用）、控制 ……………………… | 92 |
|  | 第五节 | 群体管理：人际与层际、结构与整体 ……………………… | 95 |
|  | 第六节 | 档案（数据库）管理：收集、加工（滤波、复原、 |  |
|  |  | 编码）、储存、取用、更新 …………………………………… | 99 |
|  | 第七节 | 园林发展 ……………………………………………………… | 104 |
| 第八章 | 计算机辅助经济管理 ………………………………………………… | | 110 |
|  | 第一节 | 计算机功能简介 ……………………………………………… | 110 |
|  | 第二节 | 使用准备：选择软件和语言文字输入 ……………………… | 111 |
|  | 第三节 | 利用计算机（一）：数据库管理 dBASE Ⅲ ………………… | 115 |
|  | 第四节 | 利用计算机（二）：情报检索与收集 ………………………… | 120 |
|  | 第五节 | 利用计算机（三）：统计模拟优选 …………………………… | 122 |
|  | 第六节 | 利用计算机（四）：设计与创新 ……………………………… | 125 |
| 主要参考文献 ……………………………………………………………………… | | | 127 |
| 各章节概念出处 …………………………………………………………………… | | | 130 |

# 第一章 绪 论

## 第一节 园林与园林行业、经济与经济管理

园林是依靠植物改善居住环境和休憩环境的区域。园林行业是以建设、维护和调整园林并提供服务为主要技术购成（兼文化构成）的从业人员及相关物资的集合。

（在本世纪初，"园林"一词主要用于行政管理，只是"公园和路树"的简称。当时，由于专业上不使用"园林"这个词，所以国立北平图书馆编印的目录上将有关著述列入"风景园艺"类。日本和我国先后使用"造园"一词。直到1956年，我国只有造园专业，而无园林专业；但在各大城市政府机构中，则设园林局或处。

现在，我国在专业上越来越普遍地使用"园林"这个词。

"园"的早期含义是非农耕公地，处于村落的边界上——在《诗经·郑风·将仲子》中，某女子对其恋人唱的第三段歌就是"无逾我园……畏人之多言"，而第一、二段则是范围较小的"里"和"墙"，只"畏我父母"和"畏我诸兄"。"园林"连用则最早出现于陶渊明的诗句："阶除旷游迹，园林独余情"，"静念园林好，人间良可辞"等。"公园"一词则在南北朝时期开始使用，但其含义与现代不同——不是表示公共的游览娱乐区域，而是表示尚未被私人占用的非农耕公地。自战国时期就有了被私人占用的"园"——只为一个家庭提供非粮食作物的农副产品和柴草等。到了南北朝时期，这种情况更加普遍，有的园姓公，有的园姓私，所以在涉及产权的郑重场合，就必须清楚地加以区分，以掌握政策界线。）

环境改善包括生态和美化两个方面。一般说来，改善生态必然要依靠植物；但是美化则可以通过建筑、种植和绘画等方式完成。其中，单纯依靠植物而美化了的居住和休憩环境，仍应属于园林。园林不限于城市，但应与居住或休憩环境相关，因为依靠植物改善大环境和生产环境，如荒山造林和农田防护林，不属于园林。用于生产目的的人工薪炭林、用材林、果林等，也不属于园林。应该注意，在工厂区绿化应属于园林——那些植物并不服务于厂内设施，而是服务于厂内人员，改善了厂内人员的休憩环境。

园林行业或园林业起源于逐渐从农林业分工而独立的花卉业和苗圃业，后来增加了绿地和庭园建设，目前已发展为包括养护管理及其它服务在内的综合的技术经济系统。与园林业相关的技术及经济行业除农林渔业、交通建筑业之外，还有制造业（园林机具、游乐设施）、商业（花卉销售、小卖部、物资站）、饮食业（餐厅）、服务业（旅馆、招待所、照相）、公用事业（公园、公共绿地管理）、外贸业（进出口、承建项目）、科学教育文化业（科研所、大专院校园林专业、中专、技校、杂志社）等，对于现代的城市来说，园林业是基础建设的重要构成之一，也是日常管理的重要子系统之一。

从改善生态环境的角度来看，园林业以技术行为为主；从美化环境的角度来看，园林业还涉及文化行为（艺术），参见图1-1，总的来看，园林业以技术行为为主。

图 1-1 人类行为与需要牵引及环境（含资源）约束的关系

技术是以获取（含创建）或控制一定形式的物质（包括技术设备和技术成果）、能量、信息为目的的，具有确定程序的人类行为（以下简称"程序行为"）。文化则是人类在一定的环境条件下形成的相对稳定的语言文字、思维方式、价值观念及相关行为模式和物化形态的有机构成。文化行为的目的可以不是获取或控制物质、能量或信息（应该指出，虽然信息的传输、加工、接收都离不开物质和能量，但是"信息就是信息，不是物质也不是能量"。信息可通俗理解为物质或能量的内在秩序，或事物及现象的区分，参见第七章第六节。因此"信息量"这个测度与热力学中的"熵"只差一个符号。总之，信息是与物质及能量并列的三种客观存在形式之一：其中"物质"如地球既有质量又有能量；而"能量"如阳光只有能量，其静止质量为零；至于信息，则既无质量，又无能量，但有"负熵"。信息不等于知识，正如物质不等于生物。知识是以语言为基础以时空为纽带而形成的有机的信息结构，正如生物是以细胞为基础以基因为纽带而形成的有机物质结构），因此，文化行为可以不具有确定程序，例如艺术创作。由于这类文化行为缺少确定程序，可教育性有限，所以高等教育中所传授的园林知识主要是技术性的，而不是艺术性的。不过，园林业的特点要求学生学会如何通过技术手段实现艺术构思。

由于技术行为受到环境资源及人类需求的约束，所以艺术构思及园林技术的实现通常都离不开经济管理。参见图 1-1。

经济是在资源有限的条件下，人们所进行的获取（含创建）或控制一定形式的物质、能量、信息来满足社会成员或集团福利需要的程序行为。经济管理则是为了达到特定的经济目的，在群体中对人类行为所进行的程序制定、执行和调节。

也就是说，经济是在比较严格的条件下（资源有限），增加了目的（社会福利需要）的技术或程序行为。这样，相关程序就更复杂了，即不仅包括生产，还要包括经营、分配和配置；甚至包括广告、咨询等等。而经济管理，通常是在数量相对稳定的专业群体中进行的较规整的程序制定、执行和调节。

园林经济系统的流程图如下：

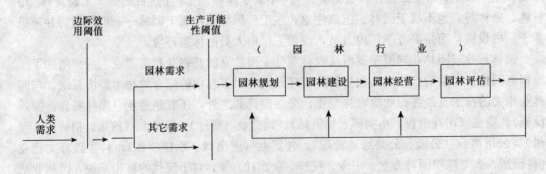

图 1-2 园林经济及技术系统流程图

园林经济管理这门课，将使人们对社会大系统中的一个综合性子系统有所了解和认识，以便能够更好地运用自己的专业知识，达到依靠植物来改善居住环境和休憩环境的目的。（见图1-2，其中"园林规划"之前的部分与"经济"关联较密，而"园林建设"和"园林经营"的部分与"管理"的关联较密，最后的"园林评估"则起着全系统各环节相关的系统权衡及误差调节的作用。）

## 第二节 几个数量指标

园林业为人们提供较好的有植物的居住环境和休憩环境，正如住房建设业为人们提供舒适宽敞的庇护性居住环境一样。因此，正像住房建筑业使某城市达到一定的人均居住面积这样的客观指标一样，园林业也有本行业的经济技术指标。

环境是否得到改善，既有客观指标，也有主观指标，前者不以人群的不同而不同，后者则有可能因为不同的人群而出现不同的值，下面主要介绍客观指标。

最简单的生态环境的客观指标是人均绿地或水生面积，以及一个城市的人均公共绿地面积。但是具体到园林生态环境来说，则应采用适于对公园及其它园林绿地加以评价的绿面时间比，即在一年之内，绿地及水生面积与该面积上的人的生存及活动时间总和之比，表式如下：

$$L = A / \sum_{i=1}^{n} T_i \tag{1-1}$$

或

$$\begin{cases} L = \sum_{j=1}^{m} w_j A_j / \sum_{i=1}^{n} T_i \\ \sum_{j=1}^{m} A_j = A \end{cases} \tag{1-2}$$

其中，$L$ 是绿面时间比，$A$ 是某一园林的绿地及水生面积，$n$ 是在一年内曾经生存或活动于面积 $A$ 上的总人数，$T_i$ 是第 $i$ 个人在这一年内生存或活动于该面积上的时间。第二个表式是对不同的绿面进行加权，$m$ 是绿面的不同种类数，$w_j$ 是第 $j$ 种类型的权重，$A_j$ 是第 $j$ 种类型绿面的面积。最简单的加权方法是按年龄加权。这样，一株千年古木的加权绿面就比覆盖同样面积的草坪的加权绿面要大得多。其它的加权方法是按照生物量或"绿量"加权、按照群落类型加权、按照生物链长短加权，等等。

从纯生态的意义来看，$L$ 值越大，则生态条件越好。也就是说，某一园林的绿地及水生面积越大，而经常光顾的游人越少，则生态指标越高。应该指出，客观指标与主观指标并不一定完全吻合，因为有些人可能并不喜欢过于空旷的、少言寡语的生态环境。然而，公式（1-1）作为客观指标，对于大多数涉及园林业的场合都不会与主观感受相背离——园林业往往是在人口比较集中的城镇地区比较发达，如果某城市 $L$ 值太小（园林太少，游人太多），就应考虑增建园林。

环境美的客观指标是类别面积复合比，即综合地、整体地评价与美化环境相关的复杂性和敏感度水平，用园林区域内不同类面积的类别数比上该区域的总面积，再乘上按二歧式分类后的各类中不同的两种面积的比例与黄金分割值（0.618）之差的绝对值倒数加权之和的均值，公式如下：

$$F=\begin{cases} k/A & \text{当 } k=1 \\ \dfrac{k}{mA}\sum_{j=1}^{m}\dfrac{A_j}{A}\left[\left|\dfrac{A_{j+1}}{A_j}-0.618\right|^{-1}\right] & \text{当 } k\geqslant 2 \end{cases} \quad (1\text{-}3)$$

$(A_1\geqslant A/2,\ A_j\geqslant A_{j+1}\geqslant A_j/2,\ k\text{ 与 }m\text{ 是整数})$

其中，$F$ 是类别面积复合比，$k$ 是某一园林区域内的不同类面积的类别数，$A$ 是该园林区域的总面积，$m$ 是二歧式分类的层次数（在同一次测算中，各园林区域的 $m$ 为事先确定的同一个数值），$A_1$ 是第 1 个层次的较大面积，$A_{j+1}$ 是将 $A_j$ 分为两类之后的较大类别的面积。如果在小于 $m$ 的某层次中，较大面积不可分为二类，则对于下一层次的计算取较小的面积；如果较小面积也不可分为二类，则对于下一层次的计算仍取较大的面积（下一层次出现零项）。

二歧式分类是将园林区域分为水、陆两类；再将水分为静、动两类，陆分为平地、山地两类；静水分绿面（如荷塘、苇塘）、镜面两类，动水分为涌流（如喷泉、温泉）、注流（如河流、瀑布）两类，等等；而平地分为绿地、建筑两类，山地也分为绿地、建筑两类，等等（参见图 1-3）。

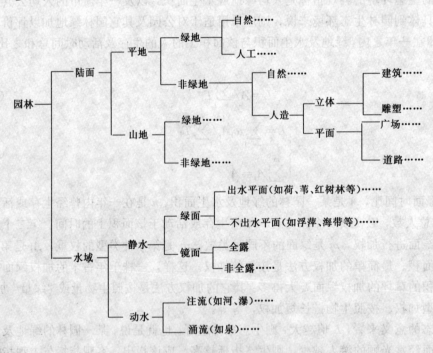

图 1-3 园林区域类型的二歧式分类

从公式 (1-3) 可知，对于同样大小即同面积园林来说，某一园林包括的类别数越多，即 $k$ 值越大，那么 $F$ 值就越大，美化效果也就越好。此外，美化效果还与不同类别之间的协调有关，即越是符合黄金分割律的配置，美化效果越好（公式中的绝对值小，求倒数后使 $F$ 值增大，如果公式中某一项的绝对值为零，那么就取余下各项绝对值最小值的一半作为该项绝对值；如果各项绝对值都是零，那么就增加层次数，直至出现非零项）。$F$ 值还与不同类别相关。例如，同是十公顷且同样包含四类面积的园林，即使配置都很协调，含有静水、动水、绿地及假山的园林,就比含有绿地、假山、迴廊、小亭的园林更具美化效果。这是因为在上述二歧式分类方案中,水面占有较优先的位置,对于没有水面的园林,水面面积为零,但由于它处于第一层次,所以仍参与平均。这时,陆面与总面积之比为"1",与0.618之差较大,所以$F$值减小。

公式(1-3)的特例是全部园内面积属于同一类,即$k=1$,这时$F=k/A=1/A$,即美化效果与园林面积成反比——面积越大,单一植被就越显得单调。$F$值与游人数目正相关。若某城各公园$L$值相差太大,那么,除了交通条件之外,还应考虑在$F$值较小的公园增建新类、调整布局,提高$F$值,从而吸引游人。

为了达到一定的绿面时间比或类别面积复合比,人们必须采用一定的技术及管理来进行建设、维护和调整。关于这些技术或管理,有一个综合性数量指标,即有效生产量。有效生产量的公式如下:

$$Y=\int_0^{A_k}\sum_{i=1}^n W_i C_i T_i L(A)\,dA \qquad (1\text{-}4)$$

其中,$Y$是有效生产量,$A_k$是被开发的资源面积,$n$是工具种类数,$W_i$是第$i$种工具的权数(工具按木、石、玉、铜、铁、钢等顺序,以及按照人力、畜力、机械动力、仪器、电脑的顺序和功率大小加权),$dA$是使用各种工具的单位面积,$L(A)$是该面积的立地质量(对于非农林矿业的加工制造来说,立地质量取决于原料及后勤供应),$T_i$是一年内在该面积上使用第$i$种工具的总时间(有可能大于365天或365×24小时),$C_i$是第$i$种工具的时空符合度。例如,一箭射中一只野鸡,$C_{弓箭}=1$;两箭射中一只野鸡,$C_{弓箭}=0.5$。又如,在华北秋天播种冬小麦,$C_{播种机}\approx 1$;在华南春天播种冬小麦,$C_{播种机}\approx 0$。在实际计算中,$C_i$取统计平均值,该值标志劳力技能和组织管理的技术水平。也可以把$C_i$分成两部分,即

$$C_i=C_{1i}\cdot C_{2i} \qquad (1\text{-}5)$$

前一部分($C_{1i}$)表示某一生产环节与其它相关环节之间的时空符合度,即用来标志管理水平,而后一部分($C_{2i}$)用来表示生产者与生产对象之间的时空符合度,即主要用来标志技术操作水平。

有效生产量,如一片绿地,常要通过一定的经营行为才能被利用来满足人们的福利需要(参见上节"经济"概念),相应的数量指标是实现效益量,即

$$S=Y_1-Y_2-X=Y-2Y_2-X \qquad (1\text{-}6)$$

其中,$Y=Y_1+Y_2$即有效生产量,$Y_1$是有益生产量,$Y_2$是有害生产量(园林业中有害生产量较小,常忽略不计,如施工机械造成的空气污染和土壤板结),$X$是无效消耗量。无效消耗量是以下四类消耗量之和:积压消耗量(如公园建成后迟迟不对游人开放,或游人不愿光顾)、小用(大材小用和超标闲置)消耗量(如多功能高档设备作为单功能低档设备使用)、非灾害淘汰消耗量(如更新换代)和灾害消耗量。"灾害"包括霉烂、腐蚀、雷火风沙水虫等,以及人为事故和破坏(含战争破坏)。对于非全损性设备事故,消耗量等于原有效生产量乘以减寿系数(不含正常折旧)之积加上维修期间的有效生产量。

生产和经营还不是人类进行经济活动的最终目的(参见上节"经济"概念)。因此,对于经济发展水平,还应该有一个综合性指标,即经济系统的保障比积,表式如下:

$$B=(G_0/G)\cdot(Z/R_0)\cdot(U/U_1) \qquad (1\text{-}7)$$

其中,$B$是保障比积,$G_0$是临界供养系数,$G$是实际供养系数,$Z$是综合覆盖度,$R_0$是游

离覆盖度，$U$是有益生态率，$U_1$是有害生态率。也就是说，$B$是供养比、覆盖比和生态比之积。

临界供养系数是在一定的生态、资源、人口和技术条件下，一年内某经济系统全体成员生存时间的总和与为维系经济系统所必须的最少生产经营时间总和之比。实际供养系数是生存时间总和与实际生产经营时间总和之比。综合覆盖度是经济系统全体成员在一年内受整合因子（知识分子与官员、商人与资产者、军警等）影响的行为时间与全体成员生存时间之比。（"覆盖"是指排他性的作用，如：鸟翅覆盖的婴儿较少受寒《诗经·大雅·生民》，森林覆盖的土地较少受晒，良种覆盖的农田较少受灾，仁义覆盖的社会较少动乱《孟子·离娄上》，等等。文化覆盖是用知识学养信念感化其他人；经济覆盖是用财力物力招控其他人；生理覆盖是用警力体力协迫其他人。）游离覆盖度是个人覆盖度中违背整合的部分，而个人覆盖度是一年内受到覆盖主体影响的其它个体的被影响行为时间与全体成员的生存时间之比。有益生态率是在一年内社会成员生存于有益生态环境中的时间与总的生存时间之比。有害生态率是在一年内社会成员生存于有害生态环境中的时间与总的生存时间之比。（一般说来，有益和有害生态环境都包括生态生理环境和社会心理环境两方面，如大气污染或煤气中毒是生理方面，而人际紧张或担心被害是心理方面。欧美式的市场竞争系统不仅大规模制造污染和毁坏森林水生植物从而导致生理环境下降，而且大规模刺激需求和鼓励竞争从而导致心理环境下降——如在美国，几乎各种争端都会变成法律问题。）

临界供养系数正比于单位时间的实现效益量（其值愈大，必须生产经营时间愈少，$G_0$愈大），反比于社会分层强度（层次愈高的受养人愈多，维持其基本经济社会行为的必须生产时间愈多，$G_0$愈小）。在正常情况下，供养比大于1，并且反比于人口总数而正比于实现效益量。综合覆盖度则与秩序结构及群体管理水平相关，而游离覆盖度更多地相关于文化结构及群间竞争格局。

以一个三口之家为例（注意：此例与宏观经济系统有所不同，但可有助于理解宏观经济系统的综合性指标）：如果必须每天工作10小时才能维系这个家庭，那么其临界供养系数为$3×24/10=7.2$；如果这个家庭的夫妇2人一年内每天每人平均工作6小时，那么实际供养系数是$3×24/12=6$；供养比是$7.2/6=1.2>1$。如果秩序结构是父系或母系，形成父－母－子（女）或母－父－女（子）的级差，同时父或母的管理水平较高——整合因子（父，或母）对其他成员（母、子女；或父、子女）的直接或间接影响时间较长，那么综合覆盖度较高；如果文化结构中"协调、自重"的观念价值所占比例较大，而且群间竞争格局中的这个家庭比其他许多家庭占据一定优势，那么这个家庭的游离覆盖度较小，于是，其覆盖比较大。

覆盖比较大的系统比较稳定，即使供养比下降到略低于1，其成员也可能共度难关（如我国1959～1961年自然及人为灾害时期）。除了供养比和覆盖比之外，上述家庭是否稳定祥和，还与生态比相关——如由于污染中毒导致家庭成员重病或死亡，又如由于人际紧张导致家庭成员出现精神疾患，对于任何一个家庭来说都将是莫大的不幸。

上述的供养比与实现效益量及人口总数的关系可用公式表达如下，即：

$$G_0/G = k(Y_1 - Y_2 - X)/m$$
$$= k(Y - 2Y_2 - X)/m = kS/m \tag{1-8}$$

其中$G_0$和$G$分别是临界和实际供养系数，$k$是比例系数，$m$是人口总数，$Y_1$、$Y_2$、$X$及$S$

见公式（1-6）。

以上内容，在以后的章节中还要学习。

## 第三节 园林经济管理的特点

依靠植物来改善居住环境和休憩环境，归根结底出于两个动因：一是人类需要增长，原有环境不能满足人类需要；二是人类破坏了原有环境，或生态人口条件发生变化，被破坏或恶化了的环境也不适于居住和休憩，即人类受到环境约束（参见第一章第一节图1-1），从而必须加以改善。

如果仅仅考虑第一个动因，那么园林业在农村地区和城市的被需要程度就取决于园林的边际效用和生产可能性。由于园林的生态效果在农村地区的边际效用较小（因为植物较多）、生产可能性较大（人均土地较多），而在城市相反，因此二者对园林业的需求大致持平。另一方面，园林的美化效果在农村地区边际效用较大（因环境较单调）、生产可能性较小（资源人才受供养比制约），而在城市相反，所以二者对园林业的需求也大致持平。

所谓边际效用（marginal utility），是指最后增加的一单位有效生产量所具有的效用，即该生产量在多大程度上满足人的欲望或需要。例如城市居民的绿面时间比通常小于农村居民，所以增加一单位的绿面时间比就能为城市居民提供较大程度的满足，因此园林的边际效用对城市居民来说就比较大。这正如对于沙漠中的旅行者来说，一杯水的效用就很大，而对于在江河边上的人来说，一杯水没有什么效用。所谓生产可能性，是指在一定的资源条件下可能生产的最大产量。由于农村人均土地多于城市，可能建设及维持的绿面时间比大于城市，因此生产可能性较大。（如果资源条件很差，水旱灾害太多，则这种可能性较小，这导致南部沿海各省的庭园建设高于内地）。边际效用和生产可能性可通俗理解为"需要牵引的力度"和"资源限制的程度"（参见第一章第一节图1-1）。

从发展中国家来看，园林业的发展主要源于上述的第二个动因，由此使得城市成为园林的主要载体。也就是说，由于人口集中、工业生产及交通运输和广播通讯集中，环境受到破坏，烟尘、废气、污水、噪声、射线过度，使得园林的边际效用大大提高。据1983年的统计资料，我国城市中人口密度每平方公里在1.5万人以上的有55个城市，占全国设市总数的18.4%。其中，上海每平方公里平均人口达到3.5854万人。全国城市人口占总人口的比例已由1952年的7.4%上升到10.2%。因此，园林经济管理的第一个特点就是：城市是园林业的主要载体。

园林经济管理的第二个特点是：园林区域作为一个行业的"产品"，正象教育和卫生保健一样，既可能是公共产品，也可能是法人产品。因此，相关产品的生产数量、质量及分配既可能是独占性、垄断性的，也可能是市场性、竞争性的。对发展中国家来说，主要是前者，而不是后者，因为与其它的产品相比，园林的边际效用往往是靠后的。也就是说，如果产品供给不足，消费者首先愿意用较高的价格去购买其它产品，然后才考虑园林。这个特点使得园林业的效益不能简单地以金钱化的利润成本之比来衡量。也就是说，不宜笼统地提倡"以园养园"，这不但对于绝大多数公园来说办不到，而且也与园林业的特点不相容，因为公共产品之所以存在，就是由于公众产生了要"养"它的需求，它不可能也不应该自己养自己。

所谓公共产品，是政府向居民提供的各种服务的总称，诸如国防、警察、司法、宏观经济调节、教育、卫生、城建等等。与公共产品不同的法人产品，则是依法注册的集团（单位）或个人通过市场所提供的合法产品与劳务。法人产品如能赢利，则存在具体的受益个人或实体；亏损也是这样。公共产品则不同，即受益人是泛化的，而失误也会转嫁到公众之上。

法人产品往往受到市场调节，公共产品则可以不受市场调节。但二者都受到需要牵引和资源约束（参见第一章第一节图 1-1），也都与有效生产量、实现效益量及保障比积相关（参见第一章第三节公式 1-4～1-8）。区别在于，对于市场来说，有效生产量和实现效益量往往披上价格的外衣，变成"生产总值"及"利润成本比"等，从而体现为"金钱"；而对于经济系统来说，公共产品的社会效益可以金钱化，也可以不金钱化。例如，提高绿面时间比所得到的生态效益和提高类别面积复合比所得到的文化（美化）效益，就不一定要金钱化。

园林经济管理的第三个特点是：活物管理把生产建设（提供有效生产量）的过程和园林经营（提供实现效益量）的过程紧密衔接在一起。由于园林业借靠植物（参见第一章第一节"园林"概念），所以在基本建设中涉及绿地规划、设计及植物栽植养护；而在园林服务中也涉及植物（以及动物）养护及布局调整。这与一般的产品生产和供销之间界线分明的情况有所不同，也与一般的基建和服务（如旅店、文博等）之间界线分明的情况十分不同。因此，一个优秀的园林经管人员应该具有比较宽的知识面，对于园林经济及技术系统具有比较全面的理解，参见第一章第一节图 1-2。

总之，城市是园林业的主要载体；园林业的"产品"往往兼具公共性（非市场性）和法人性（市场性）；以及涉及活物管理；这是园林经济管理的三个重要特点。

# 第二章 经济发展与园林需求

## 第一节 分工与分层（城堡）、交流与整合（城市）

从考古发现和人类学资料来看，原始社群的基础经济需求不只是食物以及获取食物的工具与火，也不限于住宿（洞穴或房屋）及衣、船等适应不同气候、地理环境的物品，而是还包括与信仰、婚丧相关的物质需求。食宿衣船等主要用来保证个体生存和繁衍，信仰习俗等则用来保证群体凝聚和延续（如祭宴、仪式、集会等）。

为了满足这些基本需求，早期社群建立了群内调济的经济系统，即任何人都无权完全占有食物或动产，必须与系统内的其它人分享消费品。这对于每个人都是一种保障，因为一个人在某个余年把自己的食物分给他人，也就有权在另一个欠年向他人索取。在这样的系统中，分工很不发达。某些工具制造者也要兼营农牧业。部落首领也必须参与生产，并与其他成员平均分享所得。

在群内调济系统中，"均分所得"是仅次于"共有图腾"的氏族（部落）凝聚力。因此，在早期社群中，完全不存在分化出园林业的条件。不仅如此，虽然原始社群中往往出现了竞技歌舞绘画娱乐等文化行为，它们也不象信仰婚丧习俗等文化行为那么基本，因为这一类需求可多可少，可有可无。相反，对于祭仪、婚丧的消费品数量和质量的要求往往较严格，必要时倾家荡产也在所不惜。直到近代和现代，还可见到某些遗存现象。例如我国解放前不少农民破产是因为借债埋葬亲人或借债完婚。再如印尼不少人为了去麦加朝圣而沦为无地农民，等等。

然而，在某些原始文化中，人们常在集居地内较大的树下集会，个别部落甚至保留某些林地作为悼念亡魂及其它非物质性需求的活动场所。这些，可以看作为借靠植物改善居住和休憩环境的行为；或者说是园林的萌芽。

人类经济需求的第一次重要变迁是受环境约束（参见第一章第一节）而导致社群中出现"同域分层"的需求。它促使群内调济型的经济系统转变为封建城堡系统（含城堡及其辖区），即在同一区域内的社群成员分为受养人和供养人。

受养人是在一年内使用各种工具从事生产和服务于他人的时间明显小于劳动力平均生产时间的具有正常生产能力的人。供养人是一年内实际生产时间大于或接近于劳动力平均生产时间的人。劳动力平均生产时间是全体劳动力一年内的生产时间总和（即 $\sum T_i$，参见第一章第二节公式（1-4））除以劳动力的总人数。早期的受养人主要是历象测算员、财务保管员、水利工程人员和组织首领，后来增加了士兵、作为医生的巫师、商人和其他文职人员，以及征服者群落的其他成员。

封建城堡系统比群内调济系统能够更好地掌握农事农时、储存食品、抵御灾年。然而，同域分层瓦解了群内调济系统的原有凝聚力，因此，发达的封建城堡系统（如中国的商、西周和春秋战国、南欧的古希腊以及后来的中世纪欧洲）都以城堡为中心，其中居住着区域首领家族及其仆从（武士、家臣、打手或军队，有的还包括文职人员及艺术竞技等各方面的"门人"）。这也就是经典意义上的"封建系统"（从经济形态来看，蓄养奴隶与蓄养畜力没有任何不同，但从人道主义来看，二者有本质区别）。城堡的主人是有关区域上的封建主，他们将其区域中的土地交给仆从控制或交给供养人耕种、放牧，并向后者索取物质和劳力回报。劳力回报主要用于兵役（对其它区域作战）及建设仓库、道路、城堡或其它私人设施。

由于早期的城堡规模有限，再加上周围都是植被覆盖的区域，因此，封建城堡系统往往无需借靠植物来改善居住和休憩环境，也就是说，并不具有发展园林业的需求（参见第一章第一节图1-2）。然而，由于受养人，尤其是封建主的闲暇增多，财富积累，使得在室内摆设花卉具有一定的边际效用和生产可能性（参见第一章第三节），所以随着城堡的发展，有可能出现早期的园林花卉生产。

人类经济需求的第二次重要变迁是因人口流动和城堡之间的战争而异致"异域整合"（把不同区域纳入同一个经济实体）的需求。它促使各据一方的封建城堡系统整合为更大的政治经济系统。在这样的系统中，不仅存在受养人和供养人，而且出现了作为整合因子的官吏、军队、士绅、商人资产者及相应的征收分配子系统。例如中国的秦帝国及汉之后的皇权社会，又如古罗马军事帝国及文艺复兴之后的产权社会。其中，军事帝国或战场竞争系统的主要整合因子是军队和官吏，皇权社会或科举竞争系统的主要整合因子是官吏士绅，产权社会或市场竞争系统的主要整合因子是商人资产者（次重整合因子为官吏和军队）。

异域整合系统能够比封建城堡系统更好地避免战争灾害和自然灾害，在减小供养系数的同时提高创造能力和组织能力。

异域整合过程削弱或剥夺了封建主征敛财、力的权力和自建军队的权力，代之以更为复杂的分配系统和秩序结构，使得"城市"取代城堡而逐渐成为具有凝聚力的居住、交流中心。

（"科举竞争系统"是指汉武帝"独尊儒术"之后，通过各地举贤、策论考试、中央录用等程序来选拔组织管理人才，从而形成管理主结构的社会系统。其作用是维护统一，消弭分封而建的地方势力。后来，"各地举贤"发展为面向整个社会的分科考试，称为"科举"。汉代之后的统一王朝，除较短的西晋和元代之外，都是科举竞争系统。近代有人对于"封建"一词的使用，不符合中国国情——即使元代，也不是"封建"王朝——元代以蒙古人或色目人中的贵裔、军警、商人作为管理主结构。）

（"市场竞争系统"是指英国"光荣革命"及"独尊"英国国教之后，通过确认所有权、法律保护公平交易、具有一定财力的商人资产者投票等程序来选出组织管理人才，从而形成管理主结构的社会系统。其效果是促进分封而建的区域走向整合。后来，"资产者投票"发展为传媒操纵下的全体公民的普选，有人称之为"民主"。）

早期的城市是城堡与市场相结合的产物。交通便利的大城堡不但需求较大，而且能够对集市贸易提供保护，维持秩序。当集市由不定期发展为定期，又进一步发展为固定贸易中心之后，就奠定了萌芽状态的城市。成熟的城市则不能只以一个城堡为中心，而应兼容若干城堡——这是有关区域确实具有经济交流和政治秩序重要性的标志。在城市中，原有的城堡退化为大户的府邸，因为府邸的主人已无需只凭自己的仆从来保卫其居住地，而可以联合起来以全城的集中的武装力量来保卫整个城市。因此，原来那些居住在城堡中的人们已无需自己构筑围墙和堡垒，他们可以联合起来为整座城市构筑城墙和相关设施。

一般说来，城市区域是指人口较密且分层明显、物品集中且流量较大、小群体约束较弱而公共约束较强的一定的地理范围。因此，城市经济主要体现在土地规划及管理、公共产品及服务、交通住房及环境、秩序结构、规模效益等五个方面。

随着城市规模扩大，人们越来越疏远了植被覆盖的大地，甚至隔离了人与植被的关联，由此而逐渐产生了园林需求，即借靠植物来改善居住环境和休憩环境。最初是花卉业萌生，随后便是庭园建设——城市中的大户在自己的居住区域内建设人造的生态环境。

## 第二节 工业革命与城市环境的变迁

工业革命是指从手工业到机器大工业的转变，也就是人类的技术行为（参见第一章第一节图1-1）不再止于"化物为奴"和"化畜力为奴"（以及"化同类为奴"），而是加上了"化能量为奴"——工业革命中所说的"机器"，已不是依靠人力或畜力驱动的简单机械，而是由热机或电动机驱动的动力机械。动力机械的能源是燃料（如木材、煤炭、石油、核燃料等）和水力（如水力发电）。

工业革命之前的商业运输业，以及工业革命之后的服务业，与工业革命本身一起，对以森林为主的绿地生态系统产生了巨大的破坏作用。

工业革命之前的商业运输业因车、船等交通工具多为木制，以及货栈旅店薪柴等木材消耗而大量毁林。由于中国的环境约束较紧，历代常推行"重农抑商"的政策，所以这一次经济增长的规模有限，由此导致的毁损森林的规模也有限。但是，对于欧洲来说则十分明显——荷兰、英国、德国等先后崛起的商贸大国，在工业革命之前就大规模地毁损了森林（先于荷兰的商贸中心威尼斯只是一个城邦，缺乏森林数据）。其中，德国从17世纪中叶开始发展商贸运输，车、船、器具、玻璃、薪材等的兴隆形成了所谓的"木材时代"，到18世纪初就出现了第一次"木材危机"。至于荷兰和英国，至今仍是少林国家。

以动力机器为主要特征的现代工业所带来的更大的经济增长，导致了更大数量级的森林毁损——动力机器所需的燃料直接或间接（采矿坑木及工具等）需要大量木材，制造机器的工艺过程（如冶金、铸模等）、交通设施（如枕木）和城市化过程（动力机器所提供的交通能力和加工能力使得旧城市迅速膨胀，新城市不断涌出）中的基本建设也需要大量木材。动力机器还使得人们较易于进入荆棘丛生甚至偏远难行的原始林区。于是，"伐木"就具有了前所未有的规模。现代意义上的"林业"，就是以工业规模毁损森林开始的。

例如，德国在工业革命之前的18世纪初，森林覆盖率尚有12%，19世纪30年代开始工业革命，到20世纪初，森林覆盖率降为5%。再如中国，第一个五年计划（1952～1957）的第二年，林业战略就从"防护林为主"转为"用材林为主"。10年之后，小兴安岭林区的木材已经不敷应用，于1964年和1965年相继开发大兴安岭和金沙江林区，到1989年，国家下达的木材生产计划（6528万立方米）已无法完成（只完成89%），全国每年森林资源赤字高达1亿立方米。从1979年到1989年，国有林区131个木材采运企业的成过熟林面积从2000万公顷下降到1000万公顷。虽然1989年的清查结果显示，森林覆盖率从1981年的12%提高到1988年的12.98%，但是在7年多的间隔期内，用材林中的成、过熟林蓄积量已消耗掉1/3,年均赤字1.7亿立方米。森林质量也越来越差——从统计数字上看到的那些森林面积上,只覆盖着简单稀疏的次生林和人工林。

服务业为人类社会带来的经济增长通过"刺激需求"或"鼓励消费"来实现,因此也就导致了不限于本国的,前所未有的,大数量级的森林毁损——高级家具、玩具、仿制古董、工艺美术品、游艇、广告纸张、包装用纸(盒、箱),甚至鲜花运输等都要大量消耗木材。至于金融保险业中的办公用具、纸张印刷、室内装修等等,也都增大了对木材的需求。美国服务业人数的增长自70年代初期开始快于全社会就业人数的增长,1975～1980年增长最快(1980年比1975年高出12个百分点)。联邦德国1980年第三产业占国内生产总值的比重比1970年高出9.5个百分点,日本服务业以"技术立国"的科研经费猛增(1983年约为1979年的2倍)为先导,也在80年代初迅速增长。与此同步,全世界热带木材的出口额在1979～1980年达到最高峰,超过了80亿美元(1973年约为31亿美元,1983年为53亿美元)。日本原木进口在1979年达到需求量的69%,比1969年提高19个百分点,此后一直保持这一水平。

正是在1980年,热带森林的毁损问题引起国际社会的广泛重视——联合国粮农组织(FAO)1980年对76个国家(其中73个是热带国家)进行了评估:从1970年到1980年,有1.1亿公顷热带森林消失,每年减少0.6%。平均每年砍伐1130万公顷的森林,而更新林场的面积仅为此数的十分之一左右,净损失一千多万公顷。全球的郁闭林(郁闭度大于0.2)在1978年尚有25.6亿公顷,据预计,到2000年将减至21.17亿公顷,即减少17%。这意味着为地球上不断增长的人口提供氧气的"绿色肺",对每个人来说正以几何级数减小。

早在60～70年代,粮农组织林业部曾组织实施了一系列后来被证明完全失败的工业性援助开发计划,试图减少热带森林地区的居民大量垦荒(农地蚕食林地)和燃烧薪柴。然而,毁林现象愈演愈烈。最后,林业部主席威士比(Wesby)不但完全放弃了原有的主张,而且成为激烈反对西方工业发展模式的代言人。

80年代之后,尽管亚洲大多数国家作出了保护和扩大森林资源、合理经营的决策,但是森林继续减少,每年毁损500万公顷,南亚和东南亚的热带林遭到了毁灭性破坏。斯里兰卡的森林比过去减少近一半;印度比30年前减少40%;泰国比10年前减少25%;菲律宾仅1983年就毁林12万多公顷;印度尼西亚属于多国林业公司的森林,只要交通可达,都将在本世纪被砍光。南美的森林已消失67%。

1992年6月,联合国在巴西里约热内卢召开环境与发展会议,参加者包括183个国家和地区的代表(含102个国家或政府的第一把手),外加70多个国际组织的代表。会议通过了《21世纪议程》、《里约宣言》、《联合国气候变化框架公约》、《联合国生物多样性公约》和《关于森林问题的原则声明》等带有约束力的重要文件。城市环境问题也引起普遍重视。

城市环境受工业革命影响的两个重要方面是:人口聚集和废料(含噪声)污染。它们进一步加强了人对园林的需求,并使绿地建设成为城市的基础建设之一。

工业革命之前的城市,主要是居住、贸易、文化教育、政治中心。工业革命之后,许多城市兼具生产中心的功能——城市不仅仅对受养人及相应服务人员具有吸引力,也对供养人中的生产者有吸引力——人们不再是因为拥有了财富、技艺、知识或权力而进城,还因为谋生而进城。这样,在工业化过程中,城市人口不可避免地膨胀起来。据1983年对我国 266 个城市统计，其人口占全国总人口的 10%，固定资产总值占全国的 70%，工业总产值及上缴利税占 83%，高等院校学生占 95%，社会商品零售额占全国零售总额 63%。到 1991 年，我国已有 419 座城市，1992 年底已达 507 座。据联合国 1985 年提供的数据，在 1970 年至 2025 年期间，世界各国城市人口比重都是稳步增长。预测 2025 年发达国家城市人口将占人口的 85.4%，而发展中国家也将占 57.5%。

城市承担起生产中心的功能之后，不仅人口急剧聚集，而且也使废料急剧聚集。由于工业生产的规模远大于农业生产，而其消耗的能源和原材料（含建筑材料）又是传统农业所无法比拟的。因此，工业城市以前所未有的规模同时生产着废气、废渣、废水、粉尘和噪声（有害生产量 $Y_2$，参见第一章第二节公式 (1-6)）。再加上密集的人口增大了对于食品、日用品的摄取和代谢，城市生态环境出现了不利于人类生存的变迁。这种变迁在光照、温度、水源、空气、地表、噪声、生物群落及地貌等各项生态因子方面都向人们显示了环境问题的重要性。

由于大气中粉尘增多，城市中太阳辐照度一般小于周围的农村地区。尤其在冬季取暖期间，除了大风之后的一两天，不少城市都处在烟霾之中。另一方面，由于臭氧层遭到破坏、阳光中紫外线成分增多，引发皮肤病及其它危害。

由于大气中二氧化碳增多，以及由于城市地下管道、道路、建筑、广场等造成的"热岛"效应，城市内的气温一般都高于周围的农村地区。尤其在夏季高温期间，除了大雨之后的短时期，城市居民倍受暑热之苦。尽管可以使用空调与风扇，出行之中却不可能处处不离空调。此外，空调机本身也是污染源，而空调环境又不象自然环境那样适于人类。

水污染的问题使人们越来越把自然水体视为"不洁之物"，也使人们越来越依赖于消毒及滤清的水源。

空气的质量下降（氧及负离子下降、二氧化碳增多、二氧化硫及氟利昂等有害气体逸入），不但增加了呼吸道疾病，而且影响人们工作、学习及生产效率，影响情绪和生活质量。空气污染所引起的酸雨还危害农田、森林及房屋建筑，且不止于城市区域。氟利昂则破坏臭氧层。

地表土壤逐渐被混凝土和/或沥青取代，微生物对生态循环的贡献被阻断或被空气中的腐败过程所取代，进一步加重空气及水污染。日益扩大的垃圾堆放场所更使地表状态恶化——有关区域象沙漠一样不适于植被及人类生存，同时比沙漠对人类的危害更大，因为其中含有较多的有害物质和腐败的有机物。

生物群落已完全处于人类控制之下，但只有少数参与控制的科研人员了解应该如何控制。此外，科研人员对于许多生物群落的了解也还不充分，不可能实施全面的良性控制。

最后，城市地貌已不再取决于地质过程或环境约束，而是取决于规划建设等技术行为（参见第一章第一节图 1-2）。一般说来，这些技术行为都导致建筑密集、交通拥挤、生态恶化。

除了以上与传统的生态因子相关的变迁之外，工业化和动力机械还使城市增加了一个独特的噪声污染。

城市环境的这些变迁，使人们对园林业的需求大幅度增长（参见第一章第三节），虽然不可能通过园林业完全克服城市环境变迁所带来的弊病，但是却一定可以通过园林业来改善人们的居住环境和休憩环境。

## 第三节 城市的园林需求（一）：公共产品与基础设施

城市对园林的需求分为两个方面：一是作为基础设施；二是作为休娱设施。前者应由市政当局作为公共产品提供给全体市民，后者则可以由法人实体作为法人产品提供给部分市民（参见第一章第三节）。本节主要讨论前者。

城市的基础设施在早期主要是水源、道路（含桥梁、水路）和治安。其中水源问题的解决是选择有水源的地方建立城堡或城市；道路常利用集市形成的交通，或利用人力修筑；治安则依靠组织建制如警察、法庭（含公民法庭）、军队。随着城市规模扩大，这三项基础设施也越来越依赖于市政当局的组织及"生产"，如北京的运河系统、天津的引滦工程以及自来水的供应等。至于公路、铁路、水港、空港等，也常是作为"城市"所必不可少的设施——无论这些设施的投资能否赢利、何时赢利、赢利多少，只要是"城市"，就必须进行相应建设。

工业革命之后，城市的基础设施范围进一步扩大到中小学教育、邮政、电力、煤气、交通安全、消防、电信、公共卫生等领域，并且在环境问题引起重视之后（本世纪50～60年代），逐步把园林纳入城市基础设施的范围。这可以说是城市开始超越工业化或"物质文明"的一个重要里程碑——人们开始利用农林技术去减少工业技术的消极影响，人们开始把向自然索取的物质收益返投回自然，以保障人们自己能够有一个比较适宜的居住环境和休憩环境。

曾有人提出把污染物（废气、废料、废水、噪声等）消灭在工厂围墙之内的设想，即通过内部的处理技术来控制污染。但是，实践证明，单纯依靠这个办法是不够的，因为"三废"处理本身往往要消耗能源，从而产生新的污染，更何况居民日常消费的污染是不可能被消灭在工业区域之内的。因此，人们只能重新认识自然净化的能力，从而激活了对于园林业的需求。

植物有吸附粉尘、烟灰的功能，可以净化大气、增加太阳辐照度。由于树木的叶面积总和超过树冠投影地表面积的60～70倍，生长茂盛的草皮叶面为地表面积的22～28倍，如果加上某些植被叶片的茸毛，其吸附能力就更为可观。树木浓荫的街道，1.5米高处的空气含尘量可比没有树木街道低50%左右。因此，园林业具有与治理"三废"的工业同样的功能，而园林业本身在"运行"期间只消耗很少的矿物能源和原材料（用于浇水、修剪等养护管理），很少出现次级污染。

园林可以有效地改善小气候，调节气温和湿度。例如，盛夏的柏油路面达到30～40℃时，草地上的温度仅有22～24℃。又如，林区湿度可比同样大气候条件下的城市高36%，土水充裕的郁闭阔叶林在生长季节每天能以叶面蒸腾失水5～6.5毫米（每公顷约50～65吨）。茂盛郁闭的行道树不仅可以改善城市空气湿度，还可以为行人及道路遮荫，宜于人，也保护路面。园林还通过空气的流动（风）对于城市中的非园林区域进行气温和湿度调节。

植被可以吸附某些有害气体（如 $SO_2$、$NO_2$、$HF$、$Cl_2$、$O_3$，小量的 PAN、NO 转变的其它形式等），并在光合作用的过程中吸收二氧化碳，放出氧气，从而改善空气的质量。生长季中一公顷的阔叶林每天吸收约1吨二氧化碳，放出0.73吨氧，城市居民如每人有10平方米的森林面积，就可维持空气中的含氧量。有些对有害气体敏感的植物还能起到指示作用，提醒人们及时采取措施，防止有关的污染危及人类。

园林可以在一定程度上恢复地表土壤及微生物对生态循环的贡献。穿过林冠枝叶落下和沿树干流下的降水，K、P、Ca、Mg 及其它可溶物质都有增加。植物根系及落叶对土层有保护作用，植冠可减少暴雨、大雨对地表的冲刷，植株可阻挡风沙。因此，园林可以保护城市，减少水土流失和风沙寒流的危害。从森林土壤渗透出的流水，无色、无臭、无怪味、透明度高、溶氧（DO）7ppm 以上，可以改善城市水体，此外，水生植物也具有净化水体的作用。

园林对于城市地貌具有不可取代的美化作用，使得景观丰富、市容美化，并以其季节性的变化使城市充满生机。尤其对于高层建筑来说，舒展的园林无疑是其纵向伸展的横向补充。

植被具有明显的隔声、消声作用。30米宽的林带可减噪声6～8分贝，40米宽的林带可减噪声10～15分贝，如配置叶面松软的草灌木，效果更好。因此，配置适当的植被可作为"天然消声器"。

总之，园林对于全面改善城市环境（参见上节）具有不可取代的作用。它之所以成为需求日增的公共产品，正是因为它关系到人们的生存与工作、健康与寿命。因此，越来越多的市民不仅同意，而且要求把公共开支的一部分用于园林。

## 第四节 城市的园林需求（二）：法人产品和休娱设施

象其它商品一样，园林业所提供的服务之所以成为市场需求，有两个条件：第一，消费者愿意购买；第二，消费者有支付能力。仅有第一个条件，只能被看成是欲望或需要，而不是需求。例如，一个有一千万户的国家，居民对电冰箱的需要是每户一台，但在一定价格条件下，只有五分之一的居民户对电冰箱有支付能力，这样，该国国内对电冰箱的需求将是二百万台，而不是一千万台。

这里所说的"一定价格"，通常是指经市场调节形成的"均衡价格"，也就是某种商品或服务的需求价格和供给价格相一致时的价格。消费者对某种商品所愿意支付的价格，称为需求价格，它取决于该种商品对消费者的边际效用（参见第一章第三节及图 2-1），以及个人可支配收入（参见图 2-2）。由于园林服务对一般消费者的边际效用较小，参见图 2-1 中"娱乐"，所以其需求价格常常低于供给价格，即低于生产者为提供某种商品（这里是园林服务）所愿意接受的价格。供给价格取决于为生产该商品所付出的边际成本以及预期的垄断利润和超额利润（创新或风险，正常利润已包括在成本之中，作为一般水平的"时空符合度"的报酬，参见第一章第二节公式（1-4））。边际成本（marginal cost）是生产最后增加的那个单位产品所花费的成本（成本是各生产要素所对应的资金的总和，参见第 1-2 节公式（1-4）），即等于总成本的增量除以产量的增量。此外，各种价格都会受到货币供给总量的影响（通货影响，如通货膨胀或通货紧缩）。

对于园林本身来说，总成本的增量是相对稳定的，因为无论"产量"（见下文）多少，园林的养护管理都要照常进行。因此，供给价格主要取决于产量的增量，即门票的增量，或游人的数量增长。归根结底仍取决于园林服务的需求价格。因此，作为法人产品的园林需求是在个人收入增长和消费结构发生变化之后才发生的。这种变化使得对于园林服务的需

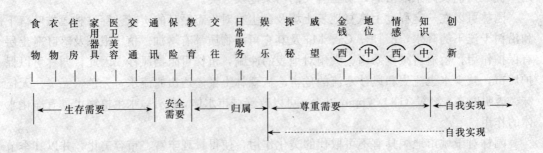

图 2-1 消费效用谱(谱下五类需要仅供参考,其中"自我实现"的需要常与"尊重需要"相混,参见图中虚线所示;标有"中","西"字样的需要受不同文化的影响较大)

求价格上升,并同时使得供给价格下降,当这一升一降使二者一致时,即达到均衡价格时,园林业才具有市场竞争能力,才有可能成为法人产品(参见第一章第三节)。应该指出,我国公园门票通常都不是均衡价格,而是不受市场制约的公共产品的垄断性低价格。门票提价也只是为了部分减轻公共(财政)开支的负担。对于少数新辟的园林旅游项目,则除均衡价格外,还有受扶植的支持价格,或从全局出发防止涨价的限制(最高)价格。

消费结构,即各类消费(参见图 2-1)支出在总消费支出中所占的比重,是随着经济发展及个人收入增加而变化的。在欧美社会中食品、衣服、住房等生活必需支出都有随着收入的增加而在收入中所占比例下降的趋势(恩格尔定律,Engel's law)。这样,其它方面(参见图 2-1)的开支就会增加。即使消费结构不变,原有开支中不为零的类别也会随个人收入的增加而增加。因此,随着经济发展,对于园林服务的需求价格就会上升。这里所说的个人收入,是宏观经济学中的一个概念,即一国以当年价格或不变价格计算的个人一年内所得到的收入的总和,包括劳务收入、法人收入、租金股息利息收入、来自政府的救济和补贴等。参见图 2-2。它与大多数公民的个人可支配收入(参见图 2-2)是同步增减的,但对不同职业,不同地位的人来说,增减幅度有所不同。

除了个人可支配收入增长之外,园林需求上升与人们闲暇时间的增多相关最密。社会中的闲暇时间是指除了满足社会中的个体生理需要、种族延续需要以及社会延续需要之外的可供人类完成特定行为的时间。因此,闲暇行为主要是指文化行为,而不是生理行为或经济行为(参见第一章第一节1-1)。应该指出:文化行为并不都是闲暇行为,因为其中的很大一部分是为了满足社会延续需要而完成的人类行为,例如语言文字、教育、伦理、思维训练、学术论证、宗教礼拜、政治集会、系统模拟、预测及权衡、调节等。

在维持环境质量的条件下,经济发展必然导致闲暇时间增多,即导致为获取一定的实现效益量所必须的社会劳动时间减少(参见第一章第二节公式(1-6))。此外,家用器具(参见图 2-1)减少了人们的家务劳动时间;通讯传播媒介减少了集会、礼拜时间;交通工具减少了交流往返时间,等等。发达国家从工业化之后的每周工作 6 天每天工作 12 小时,已缩短到目前的每周工作 5 天每天工作 7 小时。人们用于去教堂做礼拜或去神庙参拜的时间和家务时间更是大幅度减少。我国自文化革命之后,人们的闲暇时间也逐渐增多,尤其在经济发展较快的城市。

除经济发展之外,老年人口所占总人口比重的增多,也是社会闲暇时间增多的重要原因。上海60岁及以上人口的比重在1982年已超过老年型人口结构的界限10%（抽样调查约11.53%）。北京人口结构老年化的趋势也很迅速，1982年已达8.6%。而日本在1979年已达12.6%。

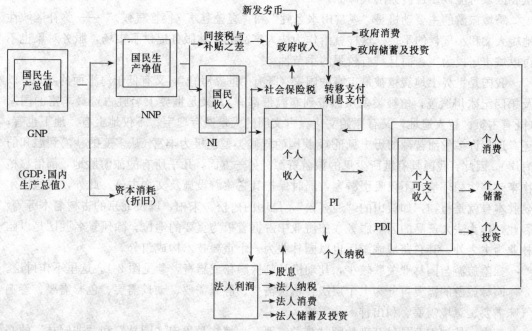

图 2-2 国民收入统计中五个总量（双边框内）的相互关系

（注：劣币是本身价值远远低于市场价值的流通货币，如纸币。良币本则具有相当的价值——本身是稀缺资源，如金银及早期的贝羽齿壳等；或本身还包含了劳动等技术行为，如帛币铸币等。现代流通的劣币使得政府拥有特殊的能力来调控经济，但同时也往往成为通货膨胀的重要源头——缺少后盾储备的劣币发行就相当于向一桶酒里渗水，社会上每一单位劣币所能换得的酒都因含了较多水分而变少了，但对于发行者来说，由于用水换了酒，所以得到的酒的总量多了。因此，新发劣币可以成为政府收入的一个来源。）

闲暇时间可分为功利型（如学习进取、生产谋利、拳操渔猎、结识权豪、吃喝嫖赌）和非功利型（如行侠助人、花草虫鸟、琴棋书画、影视闲谈、歌舞旅游、吸毒酗酒）两类。还可以把休闲行为更细地分为由低到高的七类：1. 暴力犯罪（如凶杀、强奸、抢劫等）；2. 反社会的行为偏差（如毁坏财物、破坏公物、有意伤人等）；3. 不知节制（如过量饮食、放纵性欲等）；4. 逃避单调（如观看电影、电视、戏剧及球赛等）；5. 精神参与（如感受音乐、艺术、大自然等）；6. 行为参与（如赞助有关活动以及成为业余表演者或运动员）；7. 创作（如非职业性的艺术家、作家、作曲家等）。一般说来，第1、7两类人数最少，第2、6两类较多，第3、5两类更多，第4类人数最多（两头少，中间多）。

园林需求主要与非功利型的闲暇时间（如上述第5类中的感受大自然）相关，即：爱好旅游观光、花草虫鸟的人以及部分音乐绘画爱好者对园林业的需求较大；而琴棋、影剧、闲谈，甚至饮酒、吸毒者也常选择园林环境。此外，部分功利型闲暇行为如体育锻炼、黑社会集散等，也经常利用园林区域。其中，以旅游观光对作为法人产品的园林需求较大——园林建设作为一种休娱设施为消费者提供独具内容的服务。

旅游可分为本域、跨域和探险三类。

本域旅游的主要动机是"换换环境"——弥补城市环境的不足。因此，本域旅游大多可以利用作为公共产品的园林服务（参见上节），这样既经济又实惠。随着需求上升，某些重要区域可能逐步过渡为法人产品。

跨域旅游的主要动机是"观赏山水名胜"和"避暑避寒（换换气候）"——弥补区域性地貌人文和小气候的不足。这样就给作为法人产品的园林服务提供了市场，服务对象也不再以城市居民为主，而且具有较强的季节性。

我国是世界上地貌植被最丰富的国家（既有"世界屋脊"，又有低于海平面的盆地，以及第四纪冰川遗迹；植被类型从热带到寒温带都有），又是世界上名胜古迹最丰富的国家（既有古猿、智人遗址，又有原始文化、古文明的大量遗存瑰宝；不仅地上有、地下也有；还有近代许多酸甜苦辣的历史见证），我国的气候类型也极为丰富（从多变的沙漠到温和的海岸），因此，我国具有世所少见的旅游资源。另一方面，几乎所有的旅游胜地，都借靠植物来改善休憩环境，不仅吸引游客，同时保护其它旅游设施及文物古迹。此外，有些山水名胜本身就是植物，如黄山的"迎客松"，昆明的唐松、宋柏，以及北京的古树名木等等。因此，作为法人产品的园林服务在旅游业中占据着极为重要的地位。除风景名胜区是以园林业为主之外，其它跨域旅游区也以园林业为一个重要技术构成组分。

探险旅游与园林业关联较少，其动机是刺探隐秘或猎奇，参见图2-1。这里不作讨论。

园林旅游的需要可分为七个层次：植被需要、静景需要、动景需要、色彩需要、音响气味需要、意境需要、和出神入化需要。

其中，植被需要是最基础的园林旅游需要——植物是界定"园林"和"非园林"的必要条件（参见第一章第一节）。如果仅仅是一个提供聚会休息娱乐的公共场所，或作为精神寄托的场所，却没有借靠植物，则不宜称为园林，如美术馆、音乐厅、教堂等。

植被需要具有较多的物质性（如对新鲜空气的需要）和功利性（如利用植被聚会友人、谈情说爱，或进行科技活动、求取知识等），但其中对植被景观的需要不是单纯的功利需要——园林的功能是综合性的，不可能截然分开——有许多人"看见植被就高兴"，并且由此而获得精神上的满足，这就既不是物质性的，也不是功利性的，而是求美性的。

除了植被需要之外，园林旅游的其它六个层次的需要都主要是求美需要。

美，是消闲型精神需要的满足；消闲型精神需要，是人类非物质需要中比人际相处需要和求取知识需要更缺少明确目标或更为直接的部分。也就是说，美是人类直接的精神满足——它的满足过程无须语言参与。因此求美需要是最接近于物质需要的精神需要。

（物质性的需要都是直接需要，这类需要的满足无须语言参与，如食欲、性欲、体育活动等等。物质需要与求美需要的区别是：在满足需要的过程中，前者发生物质或能量的移动，而后者只有信息摄取——物质或能量只作为信息的载体，载体对于美没有作用。与此不同，要满足人际相处的精神需要，对多数人来说都必须借助符号性的表达〈如语言〉，因此人际相处需要是"比较间接的精神需要"，也就是合群的欲望〈躲避孤独〉；而要满足求取知识的精神需要，更要借助精确的语言来表达，所以求取知识是"更间接的精神需要"，也就是探秘的欲望或好奇心。）

人们说一个园林很美，是因为无须借助语言的介绍就能直接得到精神满足，愿意经常欣赏它。对于某些园林来说，拥有一定知识背景的人可能比其他人更能欣赏其中的美；但是在欣赏的时候，已经不是那些知识在起作用，而是园林直接地满足人的精神需要。（即使借助语言的艺术，例如诗歌和小说，人们所需要的美，也不是那些语句所表达的可确认的客观事实、虚构的主观事实、或各种判断，而是把那些语句所表达的内容当作真实的东西——一个用语言重构的世界，用来得到直接的精神满足。）

人类之所以在获得闲暇之后产生求美需要，是因为漫长的进化历程淘汰了"以丑为美"的种群，使得生存繁衍下来的人类心灵之中，蕴含着对于健美和谐的偏爱这一"自然逻辑"。因此，人类一旦有余力利用植物来改善自己的居住环境或休憩环境，就自然而然地选用那些美的植物景观，并把它们以及相关的居住建筑和休娱设施等配置得更具审美价值——更能满足直接的精神需要。

因此，园林旅游需要的第二个层次就是静景需要——对于空间美的需要，使得园林从整体上可以说成是"处理空间的艺术"——布置空间、组织空间、创造空间——分景（如一池三山）、隔景（欲露故藏）、借景（远借、邻借、仰借、俯借、镜借）等等。

（艺术，是以提供美为主要目的的人类行为；艺术品，是艺术行为的结果，狭义来说只包括个体〈如一个雕塑、一幅画、一本书〉和群体〈如建筑群、园林〉，广义来说还包括艺术行为本身〈如舞蹈〉、根据艺术作品而演出的事件〈如音乐〉、以及更加综合的形态〈如戏剧与园林旅游等〉）。

（提供美的人类行为，不只是操作性的，也可以是识别性的——一个人发现了一块石头很美，把自己的感受说出来，试图通过这种识别来为其他人提供美，也是一种艺术行为。如果多数人也能象他一样获得美感，那么，那块石头就是一个艺术品。与此类似，山川也可以是艺术品——"青山绿水遇到了能够识别其美的人，正象盖世奇才遇到了伯乐，一旦它们的美好被写成文章，其美其境就被开发出来了。后来的游人，迫不急待地按照前人的识别去山川中寻找美，甚至一路上询问樵夫和牧人，远远望见目标就能说出前人记述的特征。请想：'澄江净如练'、'齐鲁青未了'，短短几个字就把登到山顶的美感概括出来，这难道只是语言本身的提炼升华吗？这实在是把美的意境识别得恰到好处呀！"这就是不仅"诗以山川为境"，而且"山川亦以诗为境"的道理。〈译自［明］董其昌《画禅室随笔·评传》〉。）

动景需要是在静景需要的空间之上叠加了时间——相互衔接的不同视野范围的景观系列，使游人在"步移景异"，或"动态序列布局"中得到更生动的美。例如摩崖雕塑、长卷绘画、舞台戏剧、电影、和园林旅游。

与摩崖雕塑和长卷绘画相比，园林动景是三维的，其层次和审美表现余地以几何级数增加——二维艺术只是其中的特例。例如苏州狮子园中的拓片，只是变幻的立体动景之间的过渡处理。例如，当三维动景被墙壁阻隔时，为了不出现空白，就巧妙地安置了拓刻，这使得文化层次较高的游人能够升华美感，而不是减少美感。

与舞台戏剧和电影相比，园林动景是参与型的，而不是旁观型的——"观众"（包括了多数个体的审美群体）的"动"与景观的"动"和谐一致。而在戏剧和电影中，只有演员（只包括较少个体的审美群体）在"动"。

多维度和参与型，是园林旅游的动景美与其它艺术类型的动景美的区别。这是综合性很强的园林美学与其它艺术美学的重要区别。

（美学，就是研究"直接的精神满足"和审美体验的学科。审美，是寻找美或承认美的心理活动。显然，美学本身不是美，因为美学是一种知识或"感性认识的学科"。研究美学是出于求取知识的需要，而不是出于"直接的精神需要"。）

（能够满足人类其它需要的东西，常常因为能够同时满足美的需要而增强其对人的吸引力。对于这一类复合需要的研究，就是实用美学〈物质需要＋求美需要〉、伦理美学〈人际相处需要＋求美需要〉、真理美学〈求知需要＋求美需要〉，以及更加综合性的"天人合一美学"〈各种需要之和，"征于物而不囿于物，发乎情而不溺于情"〉。园林美学就属于最后这一类。）

园林旅游中的色彩需要，对于许多人来说，甚至大于静景需要和动景需要——"外行看热闹，内行看门道"就是说的这种情况：非专业的游人主要是被"热闹"的，绚丽多彩的景观所吸引，而不是被空间"结构"所吸引。因此，提供"胜过丹青"的美丽色彩，既丰富又协调，是园林经营管理中极为重要的艺术行为。

（并不是多数的动物都能够识别不同的颜色，这和所有的动物都有空间识别能力是大不相同的——白日飞行的鸟类能够识别不同的颜色，是因为在空中对于远距离的地被物进行识别时，形状的差别不如颜色的差别那么鲜明；人和有些高等哺乳类也是由于远距离的物质识别需要而进化出了颜色识别能力。）

（随着人类知识的增长和组织管理能力〈人际协调〉的增强，人们在谋生中越来越少地受制于颜色知觉，较少需要靠肉眼进行远距离识别——色盲在日常生活中并没有太大的困难，于是，色彩需要就具有了越来越多的审美价值。只在一些与远距离识别相关的领域，色彩对于满足物质需要和求知需要的作用才比较大，如遥感领域。）

园林旅游中的音响气味需要，是比色彩需要更为直接的精神需要——人们从大自然中"听"出或"嗅"出美，并不一定需要客观的鸟语花香，更不以播放音乐或烹调熏香为必要条件。较高层次的旅游者，需要的是"天籁之声"、"沁人心脾"；甚至是"万籁俱寂"和"泥土芬芳"。

由于音响气味需要比色彩需要更为直接，更难以规范化，所以较难靠"人造"来提供，往往只能"巧借天工"——利用自然造物，通过敏锐的艺术心灵加以发现（识别），然后与更多的人们分享。

园林旅游的第六层需要是意境需要，即通过旅游而在游人自己的头脑中再现造园者或识园者的精神满足（意），和用来满足精神的园林景观（境）。另一方面，"再现"出来的意境已不是原来的意境，而是经过旅游者加工升华的意境——意境，是从艺术行为或艺术品获得的精神再现（意）与对象再现（境）之和。

一般说来，为了满足意境需要，旅游者应该具备一定的背景知识，如时代背景、造（识）园者的阅历心态、基本的表现手法等。这就为园林经济管理提出了如何提高游人的精神品味以增大园林需求的课题。

另一方面，为了满足意境需要，旅游者到了现场之后，又要有意识地减少"知识"在头脑中的清晰程度，尽量把自己的头脑用所见所闻所嗅"装满"，让它们与心底深处的那些知识及恬淡自在的消闲情绪相消相长（"或得或丧，若存若亡"，[清]黄子云《野鸿诗的》），相融相合（"以吾身〈心〉入乎其中……吾性灵与相浃而俱化"，况周颐《蕙风诗话》卷1），直到一个美好的意境充满心胸（"乃真实为吾有而外物不能夺"，引文同上）。这又为园林经济管理提出了如何控制游人数量，使得景观质量不被人文群体淹没的课题。

园林旅游的最高需要是出神入化的需要，也就是在满足意境需要的基础上，把"再现"的精神（意）和景观（境）当作新的审美对象，驰聘其中，重新开始清晰的思维，但却不受固定程式的约束（"神思"）；重新开启感官的作用，但却超越了生理的自然界限（"思接千载……视接万里"，[梁]刘勰《文心雕龙·卷六·神思2601》）；最后，超出了再现的意境（"出神"），进入再创作的过程（"入化"）——对于园林旅游者来说，就是有了新的美术（含设计）灵感、散文妙思、诗歌佳句，等等。

　　这个需要与经营管理没有直接的关系，但是它奠基于前六层需要，尤其是第六层意境需要的基础之上；因此，除了与景观本身的质量及游者本人素质相关之外，也与经营管理的水平间接相关。

# 第三章 经济决策与园林供给

## 第一节 决策：组分、结构与时空选择

决策是为了一定的目的而进行的对于人、财、物的组成成分、比例结构及相关行为的时间、地点的选择及确认。

例如军事决策是为了战胜敌人而对于我方兵种、配备、数量及开展军事行动的时间、地点的选择及确认。又如商业术语"适销对路"就是要求生产厂家为了取得经济利益而对生产品种、数量及投放市场的时间、地点进行正确选择及确认。

经济决策从宏观上说是为了满足社会各成员和集团福利的需要，在有限资源条件下对于不同经济部门、相关资源配给数量以及运行时间、地点进行选择及确认（参见第一章第一节"经济"概念）。从微观上说，经济决策是在得到资源之后，为了有效地利用资源，而对本部门的组分、结构及相关行为的时间、地点进行选择和确认（参见第一章第一节"经济管理"概念）。本章主要讨论园林供给与宏观经济决策的关系。关于园林经济管理，在后续章节讨论。

是否把园林作为经济系统的必要组分？将多少资源用于园林建设与维护？在什么时间、哪些地点进行园林建设？这些决策直接决定了有无园林供给、有多少园林供给、什么地区的消费者在什么时间得到园林供给。

至少对于工业革命之后的城市来说，应该把园林作为经济系统的一项基础设施（参见第二章）。但是，工业革命之后的经济系统一般都比较复杂，"应该"做的事情很多，而资源却是有限的（参见第一章第一节图1-1"环境（含资源）约束"）。因此，决策问题往往归结为确定不同部门的"轻重缓急"的问题。它与决策者、决策指标和决策程序相关（见以下各节）。

将多少资源用于园林建设，除与上述因素相关之外，还与技术性的指标相关，例如生态指标（参见第一章第二节）。随着经济发展，它还与人文指标相关，例如类别面积复合比（参见第一章第二节）。

时间、地点的选择则应进一步考虑需求大小、经济效益等因素。一般说来，在其它条件相同时，总是选择需求较大、经济效益较好的地区优先进行园林建设。

## 第二节 决策者与园林供给

决策者是能够选择或将其决策付诸实施的人，因此是能够支配人员或/和财物的人。支配他人的能力一般来自威望，而威望可能来自实绩（即过去决策的成果），也可能来自学识（即对决策内容熟悉，掌握较多信息），还可能来自社会地位、人际关系（包括亲朋、派系，

或正处于派系之间）和拥有财物。支配财物的能力则来自所有权或/和征用权。

园林供给受决策者的决策目的影响最大。例如，如果决策者的目的是为了满足城市居民的福利需要，那么他（们）往往会把园林作为城市建设的基础设施（参见第二章第三节）。但如果决策者的目的是追求生产总值（参见第二章第四节图2-2），他（们）可能倾向于把园林投资转移到更能盈利的项目上去。因此，应该确立恰当的决策指标（参见下节），以引导决策者作出最优、有效或满意的选择。（最优、有效、满意，是系统权衡及决策的三个层次。由于社会事务如经济活动的演化周期较长，而统计游程较短，所以很难象理化现象一样诉诸"实验"，即不大可能进行重复观测和检验，所以有关知识不是严格的"科学"。其中，拥有较多"证据"的学说也只能说是"准科学"或"软科学"。因此，"最优"选择往往只存在于简化了的数学模型的推导之中；现实的决策只能以"最优"为导引而去追求能够接近目标的"有效"，或者追求不会背离目标的"满意"。"满意"，就是虽然不够有效，但还"过得去"。例如，园林建设即使不能满足城市居民的需要，但也不能少得叫大多数居民因此而患病。）

其次，决策程序对于决策者具有的影响也是很大的——具有反馈机制的程序比不具有反馈机制的程序（见第三章第四节）更能使决策者扬长避短，减少失误。在某些情况下，决策程序的影响不小于决策指标的影响。

除了决策目的和决策程序之外，园林供给还受到决策者本人经历、知识结构及心理素质的影响。

具有环境保护、医疗卫生等职业经历的决策者，往往对园林供给施加正向影响。相反，仅具有人事保卫、集约生产等职业经历的决策者，较有可能对园林供给施加负向影响。

具有生态知识、生理知识的决策者，往往对园林供给施加正向影响。而不具有相关知识的决策者则可能意识不到有关问题的重要性。

具有审美、谦虚、好学气质的决策者，可能由于偏好、倾听专家意见或自学有关知识而对园林供给施加正向影响。决策者的情绪、本能有时也对决策有影响。

## 第三节 决策指标与园林供给

决策指标是数量化的决策目的或目标。一般说来，决策指标对于经济决策的作用大于军事决策。因为后者的目的"战胜敌人"往往无须数量化——敌人是作为整体被战胜，无论是使之"全军覆没"、还是"不战而屈人之兵"，都达到了军事决策的目的。与此不同，经济决策的目的是"满足社会各成员和集团的福利需要"（参见第一章第一节"经济"概念），而人类的福利需要是随着不同的文化及不同的环境和时代而不同的（见第二章第四节图2-1）。这样，就需要数量化的决策目的或目标来对经济决策进行评价，也就是需要用决策指标来对经济决策进行评价。

用"国民收入"（见第二章第四节图2-2）来作为经济决策的指标，是基于如下假设：福利需要＝物质需要＝货币需要。因为国民收入是指一国以当年价格（或不变价格）计算的用于生产的各种生产经营要素所得到的报酬的总和。也就是对于"实现效益量"（见第一章第二节公式（1-4）及（1-6））有贡献的各种因子〔$W$——设备所有者；$C$——管理人员与技术人员；$T$——劳动力；$L(A)$——投资基建人员；$A$——土地所有者〕所得到的货币总和，即国民收入＝工资（T 所得）+利息〔W 及新增部分 L（A）所得〕+租金〔A 及已有部分 L（A）所得〕+利润（C 所得）。

上述假设对于温饱阶段之前（即第二章第四节图 2-1 中"住房"之前或"家用器具"之前的需要尚未基本满足的阶段）的经济系统是正确的，因为人们的基本福利就是满足生理需要（食、衣、息）和起码的文化生活（不是终日劳碌）。这两类行为是与经济行为相鼎立的（见第一章第一节图 1-1）。

然而，经济发展越过温饱阶段并具备一定的国防实力之后，上述假设就与实际需要出现差异。例如"医卫美容"（见第二章第四节图 2-1，下同）的需要就不等于物质需要——在保证温饱和一定闲暇的前提下，身心是否健康，是否具有审美价值，都不是货币多少所能决定的。当然，这不是说货币对于医卫美容毫无作用，而是说决策指标应该在"国民收入"的基础上加以扩大。这对于"交通"、"通讯"、"保险"等福利需要也是同样的——保险不只取决于"物质"及"货币"，还取决于"秩序"、"组织"和"社会风气"。"交通"在早期主要是因为"走的人多了，便也成了路"，在现代虽然对于"物质"和"货币"的依赖较大，但是除了"谋生（温饱）"之外的"交通需要"，则是与异域整合系统中扩大个人覆盖度（威望、地位等，参见第二章第四节图 2-1）的需求相关的（见第一章第二节及下文），不只取决于"物质"及"货币"，还取决于"教育"、"知识"或"情感"。"通讯"也是这样。

另一方面，又应该看到：欧美各国在跨过温饱阶段之后，商人资产者仍然要利用广告甚至政府干预来"刺激需求"，不断推出大附加值的新技术、新产品，甚至包括象私人轿车这样的华而不实（在城市中反而减低了公路运输能力）的产品，其合理性在于：要维护整个市场竞争系统的秩序。

过去曾有一些经济学家认为，"刺激需求"的合理性是为了"资源最优配置"或"效率"。然而，人类发展经济的目的本来不是为了资源，而是为了满足人类自身的福利需要。如果为了资源配置而去刺激需求，就背离了发展经济的目的，由此导致的扭曲人格、浪费资源和污染环境就是得不偿失。也就是说，为了"物"而去刺激需求是不合理的；只有为了"人"而去刺激需求才是合理的——为了维系秩序而去刺激需求，并没有偏离发展经济的正当目的，只是不得不在人格、资源、环境等方面支付必要的代价而已——如果失去了秩序，大多数人的需要都得不到起码的满足。

对于较为单纯的市场竞争系统（如欧美社会，参见第二章第一节）来说，社会的整体秩序主要取决于经济活力——从一国内部来看，需求不足会使商人资产者难图高利，歇业裁员，引起各种社会问题；从国际来看，中心区域（二战前是英国，二战后是美国）必须不断推出大附加值的新技术、新产品，才能积累起高于其它区域的金钱，从而使非中心区域有求于自己，这样才能维系市场竞争系统整合的级差秩序（无级差则无整合秩序，正如无差别则无秩序；极端状况是"热寂"）。

由于社会秩序与经济活力密不可分，所以"福利需要＝货币需要"的假设在二百年左右的实践检验中得到了肯定——这是一种"不进则退"、"不升级就涣散"、"不扩张就瓦解"的系统。

（"刺激需求"的合理性在于维护整个系统的秩序，而不在于"资源最优配置"。认识到这一点，我们就既不会去贬低市场竞争系统，也不会去美化市场竞争系统。例如，有的人认为轿车泛滥"是商人赚钱的动机与人类中多数成员虚荣的性格合力导致的"，就未免贬低了市场竞争系统,因为从维护整体秩序来看,"赚钱与虚荣"有其"理性"的成分在内。反过来,有的人认为轿车泛滥是人们"作出理智的权衡",就未免美化了市场竞争系统,因为其中的理性成分实在有限——充其量不过二百年的经验教训而已。因此,轿车泛滥中的理性成分不多于,也不少于"权宜之计"——在短期内维护市场竞争系统的秩序以保证有关群体的延续。经济决策的合理性的多少,取决于从较长历程还是从较短历程的周期性事件中提取决策依据,由于"轿车文明"还没有呈现过周期性,所以其中的理性成分与"跟着感觉走"差不多。)

其发展限度在于:它越来越强烈地受到下述五层次资源环境容度警戒线的制约:1. 后进区域减少到不足以为产业社会提供国外资源;2. 全球值得进行商业性开发的非再生资源储量小于需求量;3. 全球值得进行商业性开发的可再生资源(如森林)的更新周期大于开发周期;4. 酸雨所造成的设施每年损失量接近修建量;5. 大气、水和土壤污染所造成的人力及生物每年损失率接近更新速率。

因此,1992年巴西会议(参见第二章第二节)之后,各国的决策者都开始进行反思——"只要人们仍然把国民生产总值作为衡量生活福利的指标,社会变革就会遇到极大困难⋯⋯现行市场经济关注的只是效益,而对于无论是正义还是持续发展,它都是视而不见,听而不闻的。"

也就是说,人们必须选择新的决策指标,如保障比积。

用"保障比积"(见第一章第二节公式(1-7))作为经济决策的指标,则是基于如下假设:福利需要=物质需要+生理需要+秩序需要。因为保障比积是供养比、生态比与覆盖比之积,供养比是与物质需要相关的指标,生态比是与生理需要相关的指标,而覆盖比是与秩序需要相关的指标(见第一章第二节及第二章第一节)。进一步来看,保障比积还与福利需要直接相关,因为覆盖比的分子"综合覆盖度"与人们对经济系统的总体评价正向相关,而其分母"游离覆盖度"则与该评价负向相关。社会闲暇时间或是非功利性耗散,或是转换为个人覆盖度;而个人覆盖度或是被综合覆盖度吸收,或是被游离覆盖度吸收,人们愈满意,则经济系统愈有秩序,游离覆盖度愈小,而经济系统愈有活力,则以商人资产者为主要整合因子的综合覆盖度增大,虽然游离覆盖度如黑社会也常相应增大,但在经济稳定增长时期,前者比后者增大更快。

由于经济发展往往导致社会闲暇时间增多(见第二章第四节),所以由此而必然增大的个人覆盖度就不能不在决策指标中有所体现。西方的"福利国家"实施社会保障制度,却以经济效率降低为代价,反过来又影响了社会秩序,其中的一个重要原因就是把个人覆盖度排除在决策指标之外,在商人资产者的综合覆盖度下降的同时,没有设法(如设立教育考核及相应的分配体制)提高知识分子的综合覆盖度。

以国民收入作为决策指标,对于决策者考虑园林供给的正向促进作用比较小,因为这个指标只对法人产品或市场需求较大的跨域旅游项目具有促进作用,而对于公共产品或"赔钱"的绿地建设项目不具有促进作用,甚至具有负向作用(利润太少或甚至为负值)。以保障比积作为决策指标则有助于决策者意识到园林供给的重要性。生态环境与人们对经济系统的满意程度相关,此外,种树养花有助于社会闲暇时间的非功利性耗散(参见第二章第四节);从而减小个人覆盖度及游离覆盖度,减少犯罪或其它非法异动。也就是说,给"园林"配置的资源虽然有可能对国民生产总值和国民收入贡献甚少,但是对于稳定整个经济系统的秩序从而满足社会各成员和集团的福利需要的贡献甚大。

## 第四节 决策程序与园林供给

决策程序是从有关事项或问题提上日程，直到决策形成的过程或阶段系列。经济决策中的"事项"依重要性可分为：新建项目（俗称"上项目"，含扩大规模）、转变生产经营方向、人员调整（含增减）、技术（含工艺）改造。（军事决策的"事项"依次为：开辟新战场、发起新战役、人员调整、采用新装备新战术等。政治决策的"事项"依次为：组建新政府、发起新运动〈革命〉、人员调整、制定新规章等。）

最短的程序只有一个或两个阶段，通常称之为非程序化决策。它通常是指在新遇到的情况下，一次性的、偶然性的决策。由于目标和指标都不十分明确，因此往往要依靠决策者的判断能力、直觉和创造力。越是高层决策，越具有非程序化的性质（完全创新的非程序化决策是很少见的，参见下节）。这除了因为高层决策涉及与其它经济系统或大环境的关联，即涉及系统之外的许多不定因素之外，还因为高层决策面临经济系统内部的全面平衡，即面临复杂的数据相关与制约。应该指出，随着系统模拟预测技术及计算机潜力的开发（参见第八章第五节"决策支持系统"），系统内外的复杂关联正越来越多地被人们用来在短期内预测行为后果。因此，越来越多的非程序化决策将过渡为程序化决策。

程序化决策至少包括三个阶段，即情报阶段、拟出方案阶段（提交决策机构讨论）和确定方案阶段（按一定程序表决）。它与非程序化决策的基本区别是增加了"拟出方案阶段"（某些非程序化决策还缺少"情报阶段"）。这个阶段的中心内容是把有关问题归属或关联到经济系统的一个子系统中去或归属于经济系统的外部关联，即进行系统模拟及参量表出，然后根据人类经济行为（即某一方案）对于有关参量及系统的影响（接近或背离目标）来拟出最优、有效或满意的方案，以实现决策目的或目标。

例如，把园林供给的问题关联到经济系统的生态系统（参见第二章第三节），用绿面时空比（见第一章第二节公式（1-1）或（1-2））表出，然后根据园林业对其影响来给出方案，以求达到生态平衡。

又如，把园林供给的问题关联到经济系统的某一生产部门（参见第二章第四节），用产出投入比（总收益/总投入，总收益＝每张门票价×张数）表出，根据园林业与其它产业对经济系统的影响来给出方案，以求国民收入增长。（把各部门的国民收入汇总起来进行统计，与第三章第三节的统计是从不同角度进行的，此外还有按公共或法人或家庭产品统计，以及按最终用途统计等。从理论上说，这四类统计在误差范围内是一样的。对于生产部门的划分通常有农林渔业、采掘业、建筑业、商业、金融保险业、运输业、电讯业及公用事业等。）

显然，上述两种模拟与表出方式对于园林供给的决策是很不相同的（参见第二章第三及第四节）。

除此之外，还可以把园林供给的问题与文化行为（见第一章第一节图1-1）相关联，即归属于经济系统的外部关联，用类别面积复合比（见第一章第二节公式（1-3））表出，根据园林业对人类审美需要的贡献来提出方案，以求经济总目的（福利需要）的实现。

更为全面的模拟预测则是把以上三方面的目标及相关参量综合起来，通过多目标评价

（见下文及第三章第六节）来进行预测并提出最优、有效或满意的方案。

（"最优"、"有效"和"满意"是决策的"上、中、下"三个层次——只要人们不放弃理智选择的努力，就不能奉行"不全宁无"的理想主义。因为人类行为受到"需求"和"资源"的双重约束，参见第一章第一节图1-1，所以只有勇于去尝试那些虽不最优但却有效或只是"过得去"的方案，才能在本没有路的世界上走出自己的道路来。）

应该指出，"拟出方案阶段"的工作往往可以因为"参照已有方案"而大大简化（见下节）。

参照已有方案不仅可以简化决策，而且可以减少貌似合理的一些假设及短期效益所造成的不良后果。因为，上述的系统模拟和参量表出，受到两个方面的限制：1. 复杂系统中参量变化与系统状态变化之间的关系是非线性的，2. 实施某一决策与其所导致的负面效果有时差。

所谓非线性，一个通俗的说法就是"蝴蝶效应"——一只蝴蝶在张家界的森林里扇翅膀，引起太平洋上一次风暴。又如，一个发达国家从热带林区开发一千立方米的优质木材，引起整个地球环境质量下降。

从"线性系统"来看，这都是不可能的相关事实。但是，从"非线性系统"来看，这不仅是可能的，而且是真实世界之中大量存在的——蝴蝶翅膀所引起的小气流经过一级又一级的"非线性放大"而成为风暴；现代的小型工业项目经过投资者和当地居民的一级又一级放大而导致大规模森林毁损。（例如：商人资产者把开发重点移向不发达国家的原始林区，为了谋取高利而集中在林缘开采。与此同时，当地居民受外来资本和本国"引资"的余泽〈"滴下效应"，即："富得流油"的商人资产者所"滴下"的"油"，使得其它人的生活有所改善〉，人口较快增长，对农林产品和薪柴的需要大增。又由于每一个工业性项目〈如原木生产、小型木材加工厂等〉都只能解决很少一部分人口的吃饭和烧柴问题，其它人口就往往走上了加速毁林的道路——工业项目使一小部分人先富起来，大大刺激了其他人〈通过示范和攀比〉迅速致富的胃口；工业项目中的筑路和交通使得其他人也十分易于进入林缘〈务农、盗伐、运出薪柴甚至木材等〉；动力机器伐后的迹地很容易被清理、被烧荒……所以，对森林的破坏就以几何级数"非线性"地增长。）

尤其对于最复杂的系统——人类社会来说，"非线性放大"是极普遍的现象。这往往是人们承认"机遇"重要性的一个客观原因。过去，由于人们没有重视非线性系统，所以常常作出错误的决策。第二章第二节所述的威士比的失败就是一例。威士比的优点在于：他能够从失败中反省出"线性模拟"的有限性。

所谓时差，就是任何一个决策都不可能没有不良后果，而主要的不良后果在时间上总是落后于良性后果出现（否则人们就不会采用这个决策），社会问题落后得更长一些——当时不出现，到时候总爆发。

时差还导致难以区分原因和结果：例如上午身体感到有些冷，下午发烧。如果上午身冷是当时受寒，那么它就是下午发烧的原因；然而，上午身冷还可能是已有低烧的一个结果，因此它并不是下午发烧的原因——从人们不易察觉的低烧到易于识别的发烧，有一个时间上的滞后，而低烧可使人感到怕冷畏寒。因此，要分析真正的病源，往往需要从更长的时间来考察是否有过受寒或其它导致低烧的原因。

一方面，非线性使人们难以通过线性模式（目前人类尚无任何一个非线性模式投入实用）来估测后果——对于复杂系统决不可能做到"一抓就灵"；另一方面，从短期效果（"短实事"）之中难以预测长期效果（"求常是"）。

所以，为了合理决策，为了防止只顾眼前的短期行为，也为了不受那些纸上谈兵的线性模型的欺骗和乌托邦的迷惑，就不能设定线性模型，而是要以参照时空中的已发生事实为主，并把已知的最长周期的经验教训用来指导决策并不断地进行权衡与调节。

（乌托邦倾向在现代的体现可以上溯至法国启蒙运动。而法国启蒙运动是一个"坏启蒙"。所谓"坏启蒙"，就是认为在"启蒙者"本人存在之前的人类历史全都是不合理的"被颠倒的历史"，一切已有的契约关系或对人的约束（如对某种"享受"的约束）都是"不合乎人性的"。一切过去的观念价值都是"愚昧迷信的"。所以，要由他们来"启迪蒙昧"。他们否认人类进步的渐进性和积累性，似乎一切都要从头开始。这个"头"，又往往是"启蒙者"自己所体验的人的动物本性或"初始人性"。因为他们完全无视人类的文明史已经把人类早期的初始人性发展为"文明人性"。例如，有人把"文明"曲解成"给人以特殊的享受"——"不仅要一种享受，而是要多种享受，既想要清洁的空气，畅通的道路，又想要享受汽车所能提供的一切文明……你不能制止人们追求一种文明"。这种说法显然无法回答：吸毒是不是一种"享受"或"文明"？你能不能制止人们吸鸦片？其实，人类历史才是好启蒙——不受约束地去"享受"，决不是"文明"，恰恰是"反文明"！又如，有人用"人不过就是一种不断为自己制造麻烦又不断想办法解决麻烦的动物。"来为短效决策辩护，也是不顾及历史事实的一种乌托邦。因为，人类从来没有"为自己制造麻烦"——人类行为受"最小耗能原则"支配，总是试图以较小的耗能来达到目的；一般倾向于相对的稳态，即维持个体生存与群体延续。进步的驱动因素是环境条件的"逼迫"：对于早期社群来说，"只要粗放的、较少劳力的替代方法能满足其生产目的"，即能够维持个体生存和群体延续，人们在利用自然资源时就总是"避免采用强烈的做法"，更不用说去发展组织管理和相应的文明了。调查显示：在食物来源较多的地区，即使是承担大部分播种收获等劳作的妇女，也不是把主要时间用于向自然索取，而是经常歇闲若干天。即使相当简单的游耕，也是被季节性的食物短缺"逼"出来的——由于采集的果实不易贮存，猎物也可能隐蔽不出，所以人们以一种耕作期短于休闲期的刀耕火种方式，种植一些较易贮存的富含淀粉的谷物或薯类，用来弥补采集和狩猎的不足。被称为农业革命或第一次浪潮的定耕农业，则是被人口压力和较严酷的环境条件"逼"出来的。随后，自然灾害"逼迫"人们"同域分层"，这才有了古文明；战争灾害"逼迫"人们"异域整合"，这才有了秦帝国和罗马帝国，以及科举竞争系统和市场竞争系统；人造污染和生态等灾害"逼迫"人们"信息保障"，这才有了保护环境的强大需求。

（现代常见的另一个乌托邦倾向是把"无限发展"寄托在"科技万能"的基础上——"我们人类所拥有的，或潜在拥有的，不会仅仅是目前我们知道的那点资源，那点疆界，那些技术能力和那种生活方式……人类发展的极限不是外在世界或自然资源，而只是他自己。"这种"人有多大胆儿，地有多大产儿！"的说法，不仅仅导致了中国的大跃进和随后的灾难，而且也是曾经被西方专家们兴高采烈地欢呼过一阵的所谓"绿色革命"或"高产水稻"的悲剧——人类的能力决不象那些不了解科技发展史的人们那么乐观——二十世纪中叶以来的对于科学发展前景的预测（不是指科学幻想！），包括一些谨慎的预测都没有实现。所以，在那些"潜在拥有的"东西变得"显在"之前，合理的决策决不能够把自己生存的环境拿来开玩笑。）

更复杂也更具科学性的程序化决策还应包括"评价选择阶段"及"反馈调节阶段"。在评价选择阶段中，应聘请拟出方案人员之外的专业人员或决策人员对拟出方案进行评价并修改方案中的不足之处，甚至应该鼓励原有人员或其他人员提出几种不同的方案以供选择及确认。包括"反馈调节阶段"的程序化决策则相当于让"实践"参与决策，即不搞"一锤定音"和"绝对正确"，定期定点地根据决策执行过程中的实际效果来对原决策进行确认或修改。显然这是与数量化指标及相关信息的收集及加工分不开的，而探测传感技术和计算机技术可为这一类"信息文明"中的决策程序提供技术辅助（参见第八章）。

总之，在非程序化决策中，园林供给主要取决于决策者（参见第三章第二节）；在简单的程序化决策中，园林供给主要取决于系统模拟与相关指标（参见第三章第三节）；在包括评价选择阶段的决策程序中，园林供给还受到更多的专家知识及行家经验的影响；而在包括反馈调节阶段的决策程序中，园林供给受到社会实践的调节。

## 第五节　决策参照与园林供给

除了全新的创造性决策之外，大多数决策都可以把过去的决策和其它地区或团体的决策作为参照，前者是时间参照，后者是空间参照。在不少情况下，"参照"其实就是"继承"和"模仿"。模仿是人类从古猿（灵长目动物）时代就具有的生理行为（见第一章第一节图 1-1）；而继承则是与人类发展为智人之后与语言学习相关的文化行为（见第一章第一节图 1-1）。

早期的模仿（空间参照）大多在同一群体之内或有亲缘、地缘关联的群体之间进行；而继承则在群体之内或在群体交融中进行。无论是模仿还是继承，通常都受需要牵引和环境约束的制约（见第一章第一节图 1-1）——被模仿和被继承的行为模式（决策、对策）往往是人类的需求，同时又与环境相适应。

时间参照的可靠性的大小，取决于从较长历程还是从较短历程的周期性事件中取得决策依据。空间参照的可靠性的大小，则取决于从较类似的区域还是从差异较大区域的周期性事件中取得决策依据。

历史的合理性与人类行为的权宜性，使得人类社会中最可靠的决策依据只能从周期性事件中寻找——"以史为鉴，可以知兴替"。事物循着可预期的周期不断地运转，最初，人们对一再发生的问题不断容忍，直到受不了的时候，有些智者便发现了这些问题的真正肇因，协助决策者打破这个较短周期的循环。不久之后，便由更长周期中的另一个较短周期取而代之。

对于那些了解长程周期的学者来说，由于能够从更长的周期中知道恶性事件发生的原因，所以有可能利用时间参照协助决策者防止恶性事件的再度发生。如果决策者自身了解长程周期的时间参照，就能更为及时地防止恶性事件的发生。

一般来说，时间参照（如继承）往往优于空间参照（如模仿），因为前者的行为是在大致相似的环境中进行的，后者却要在不同的环境中进行。这也就是文化行为比较稳定的原因，即环境约束使然。同样，决策参照应首选时间参照。

另外，自工业革命以来，由于社会进步和变化较快，单纯"继承"已不能满足需要；而工业化过程又在不同地区导致了某些相似的环境，如城市（见第二章第二节），因此空间参照也具有了较大的价值。利用时空参照来拟出决策方案，可以简化程序化决策（参见上节）。还可以借鉴前人和他人的经验教训，减少决策失误。

以园林供给为例，关于是否把园林作为城市经济系统的必要组分，以及数量、时空等问题（参见第三章第一节），我国已参照其它许多国家的作法作出了肯定的决策——1980年国家建委《城市规划定额指标暂行规定》和1982年12月城乡建设环境保护部《城市园林绿化管理暂行条例》都把城市公共绿地作为一项基本建设。城市公共绿地近期定额3~5平方米/人，其中市级1平方米/人，居住区级1~2平方米/人，小区级1~2平方米/人；本世纪末（远期）定额为7~11平方米/人。城市新建区的绿化用地，不应低于总用地面积的30%；旧城区改建区的绿化用地，应不低于总用地面积的25%。

下面是两个可资参照的决策结果：（1）原苏联1968年建筑规范规定市区内全市性绿地定额：特大城市5平方米/人，大城市8平方米/人；居住区绿地定额：特大城市7平方米/人，大城市11平方米/人；小区及住宅绿地定额：特大城市3平方米/人，大城市5平方米/人；郊外森林公园：特大城市200平方米/人，大城市100平方米/人。（2）如联合国1969年出版的有关城市绿地规划的报告中，绿地定额为：住宅区公园4平方米/人，小区公园（居住小区）8平方米/人，大区公园（居住区公园）16平方米/人，城区公园（市、区级公园）23平方米/人。郊区公园65平方米/人，大城市公园125平方米/人。

全系统的决策一般说来都成为子系统决策的指令约束，子系统只能在约束范围内作出更为具体确切的决策。另一方面，不同系统的相应子系统之间，仍可能互有决策参照的价值。例如，《北京城市建设总体规划方案》关于园林供给的决策为：一般居住区每个居民应有公共绿地2平方米左右，新建工厂绿化用地一般不低于厂区用地的20%，生产高级精密产品的工厂要提高到40%~50%，医院、学校、机关、部队单位院内的绿化用地一般不应低于30%，新建医院和高等院校应当更高一些。可资参照的其它国家首都市区的园林供给（单位：平方米/人）为：瑞典斯德哥尔摩1976年为80.3，巴西巴西利亚1976年为72.6，美国华盛顿1976年为45.7，原苏联莫斯科1980年为20，英国伦敦1976年为5.98，加拿大渥太华1976年为2.5，日本东京1976年为1.6。

显然，跨域参照不可能是简单模仿，因为环境约束及文化行为各有不同（见第一章第一节图1-1）。相同文化圈的不同地区之间相互参照的价值更大一些，如北京与东京同属儒文化圈，人们因生态较严酷而喜爱聚居，所以两地的园林供给比较接近（约为2平方米/人）。值得注意的是下述可能性：1994年发表的《北京城市总体规划，1991年至2010年》对于2000年的园林供给是：市区公共绿地42平方公里（含绿化区内的水面），人均公共绿地7平方米，绿面覆盖率35%；旧城公共绿地近6平方公里，人均公共绿地4平方米。对于2010年的园林供给是：市区公共绿地65平方公里，人均公共绿地10平方米，绿面覆盖率40%；旧城公共绿地近10平方公里，人均公共绿地6平方米。

## 第六节 多目标评价简介

多目标评价是把某一决策的若干相互制约的后果纳入同一评价过程的方法或技术。相互制约的后果是指该决策对满足人类不同侧面的需求表现出不同的正负有效性。如果某一决策在各方面都能有效地满足人类需求，那么就不必使用多目标评价。如果在一次决策过程中只考虑某决策对满足人类某一需求的有效性，也不必使用多目标评价。

例如，对于园林供给的决策。如果只考虑该决策对于城市生态环境即满足人类生理需求的有效性（参见第一章第一节图1-1），或只考虑其对城市国民收入即满足人类经济需求的有效性，或只考虑其对于市容美化即满足人类文化需求的有效性，那么就不必使用多目标评价。再如，如果上述三项目标是相互促进的，也无须多目标评价，因为只要根据其中任一目标来作出决策即可。

然而，由于社会系统的复杂性，经济决策的若干后果往往是相互制约的；另一方面，人们越来越认识到：只从一个目标来评价决策，其后果往往不能为人类带来真正的福利，往往是顾此失彼，顾近失远。因此，多目标评价越来越多地应用于"拟出决策"和"评价决策"（参见第三章第四节）。例如，上述园林供给的三项目标，其相互制约在于生态目标要求增大绿面时空比，这将导致城市用于其它产业的土地减少，无论从规模效益来看，还是从园林本身的市场需求来看，都不利于提高国民收入（参见第二章第三及第四节），即不利于经济目标。而由于只考虑增大绿面，也会减低类别面积复合比，即减低环境的美化程度（参见第一章第二节），即不利于文化目标。反过来，只考虑经济目标，也会不利于生态及文化目标；只考虑文化目标同样会不利于经济及生态目标——这三类目标都要使用有限的资源（参见第一章第一节图1-1）来满足。因此，为了社会各成员和集团的福利需要，必须设法在同一决策过程中兼顾三项目标，进行系统权衡以求决策后果达到最优、有效或满意（见第三章第二节）。这个方法就是多目标评价。

多目标评价包括如下五个步骤：(1) 草拟两个或两个以上的方案；(2) 对参与评价的两个或两个以上的目标进行公式表达或数量化，即确定决策指标（见第三章第三节）；(3) 对不同方案实现各目标的有效性进行标准化；(4) 对不同目标加权；(5) 将不同方案实现目标的标准化指标乘以该目标的权重，并将各目标的乘积相加得出总分，取高舍低，作出决策，或拟出方案。其中，"标准化"是为了把不同指标的不同量纲（如"绿地面积"、"人民币"、"美化感受或类别面积复合比"等）统一成无量纲的指标，以便得出总分；"加权"则是人类根据自身的需要或需求（参见第一章第一节图1-1及第二章第四节图2-1）对不同目标的重要性在数量上"打分"——一般说来，是以大多数人的打分为准，因为当某一经济决策不可能兼顾全体成员的福利需要（不能最优）时，就只能以多数人的利益为重（有效）。

应该指出，在某些情况下，"多数人"是把"子孙后代"加进来一起考虑。这样，就不一定是以现存人口的简单多数来计算，从而有可能根据知识（历史教训、生态变迁等）来打分，即以人类整体的延续和利益为重（满意），因为子孙后代与某一代人相比总是占多数。

这样，就必须由具备历史知识和组织管理知识的人来进行"打分"或投票，而不宜采用商业化的"广告"或"竞争"方式来"拉票"。

（近代有的人过于迷信"自发性"，甚至认为"经济学相信这世上的人们会在自己的各种需要，各种享受，各种代价之间，作出理智的权衡……如果多数人投票禁止一个城市里人们拥有私车，我们便应尊重这一建议选择，反之则反是。"这种人忘了一个重要的历史教训：希特勒就是取得多数票上台的，当时的德国人"尊重"了这一选择，却导致整个民族的大悲剧。目前已有许多西方的经济学家"不"相信这一类乌托邦的神话。因为："个人发财致富的想法对人的天性来说具有强烈的吸引力，这是没有任何疑问的"，但是，"如果人的贪婪和嫉妒之类的罪恶是通过系统培养而形成，必然的一个结果只能是完全丧失智力。""已经有确凿的证据证明大自然的自平衡系统在某些方面以及在某些特定地区已变得越来越失去平衡了。"以森林毁损为例，当前的人类已不可能像当年的西欧那样。把那些不能被工业项目吸收的人口移出本土——在1820～1920这一百年中，西欧约有五千五百万人移出；随后的十年尽管移速减小，仍然每年移出36.6万；当前的人类也不可能在发现危机之后，向不发达地区转嫁——工业国自30～70年代的八大公害事件之后，自己少砍树，多砍别人的树。最典型的如荷兰，90%的木材靠进口；又如日本，70%的木材靠进口。如果不具备这些历史知识和组织管理知识的人也参加投票，就可能做出遗害子孙的决策。）

对不同方案实现目标有效性的标准化方法是用各有效性指标加减同一数值后除以另一数值。最简单的作法是令加减值为零，除数是各方案中最大的指标数（标准化指标的最大值将是1）。此外，可以在分子分母中间减去各方案中最小的指标数（标准化指标的最小值将是零）。即：

$$b_{ij} = y_{ij}/y_{j最大} \quad \begin{array}{l} i=1\cdots n \\ j=1\cdots m \end{array} \tag{3-1}$$

或

$$b_{ij} = (y_{ij} - y_{j最小})/(y_{j最大} - y_{j最小}) \quad \begin{array}{l} i=1\cdots n \\ j=1\cdots m \end{array} \tag{3-2}$$

其中，$b_{ij}$是第$i$个方案对第$j$个指标有效性的标准化值，$y_{ij}$是第$i$个方案对第$j$个指标有效性的未标准化值，$y_j$最大（最小）是第$j$个指标的$n$个值中的最大（最小）值，$n$是拟出的方案数，$m$是被考虑的目标数。

因此，最后拟出或确定的决策（方案）应满足：

$$Z_k \geq Z_i = \sum_{j=1}^{m} b_{ij} \cdot w_j \quad \begin{array}{l} i=1\cdots n \\ j=1\cdots m \end{array}$$

且

$$\sum_{j=1}^{m} w_j = 1 \tag{3-3}$$

其中，$Z_i$是第$i$个方案的总分，$w_j$是第$j$个目标的加权值或权重，其它字符含义同公式（3-1）及（3-2）。公式（3-3）中的不等式表示第$k$（$k=1,\cdots n$）个方案的总分最高。

对于只涉及经济收益大和风险损失小的二目标评价，往往采用简化的评价方法，即期望收益值法、决策树法、小中取大法（大中取小法）、大中取大法和最小最大后悔值法。由于只有两个目标，所以上述步骤中的第（2）和第（3）步简化成以经济效益为有效性目标，而以风险等级为安全性目标的二维评价。参见表3-1。

已知风险概率的二维多目标评价　　　　　　　　　　表3-1

| 风险损失 | | 经济收益（万元/年，有效期10年） | |
|---|---|---|---|
| 等级 | 概率 | 方案A（投资15万元） | 方案B（投资20万元） |
| 小（销路好） | 0.6 | 5 | 7 |
| 中（销路一般） | 0.3 | 3 | 4 |
| 大（销路差） | 0.1 | 0.5 | −2 |

方案A期望收益值 $Z_1 = (0.6*5+0.3*3+0.1*0.5)*10-15=24.5$（万元）
方案B期望收益值 $Z_2 = (0.6*7+0.3*4-0.1*2)*10-20=32$（万元）；　　$Z_2 > Z_1$
评价结果：方案B较优

表 3-1 用于期望收益值法。这是一种已知风险概率的经济收益评价，即以经济效益作为指标维〔参见上述步骤（3）〕，而以风险等级作为加权维〔参见上述步骤（4）〕。表 3-1 中的概率就是对加权维中的不同风险等级（最佳、中等、最差）加权"打分"。

上述多目标评价的第（1）步骤在表 3-1 中就是方案 A 和 B。第（2）步骤所定的指标是表 3-1 下面的收益值。第（3）步骤可以略去，因为直接采用货币单位来衡量经济收益。如表中所示：$b_{11}=5$（第一个方案在第一个风险等级的情况下可收回 5 万元），$b_{12}=3$（第一个方案在第二个风险等级的情况下可收回 3 万元，以下类推），$b_{13}=0.5$；$b_{21}=7$，$b_{22}=4$，$b_{23}=-2$。第（4）步骤就是估计三个等级的风险概率，作为加权值。如表中所示：$w_1=0.6$（估计有六成的可能性出现销路好的情况，即第一个风险等级，以下类推）；$w_2=0.3$；$w_3=0.4$。第（5）步骤就是计算总分，即表一下面的两个值：$Z_1=24.5$ 和 $Z_2=32$。由于 $Z_2>Z_1$，所以应选方案 B 作为最后的决策结果。

"决策树法"可以说是用树状图形表示的期望收益值法（见图 3-1）。所谓"决策树"或"评价树"（也有人称为"相关树"、"目标树"、"解答树"等），就是以决策者或评价者为"树根（即决策点或评价点）"，以不同方案为"主枝"，以多目标加权值为"分岔（状态结点）"，以不同加权（概率）为"细枝"的树状图形。

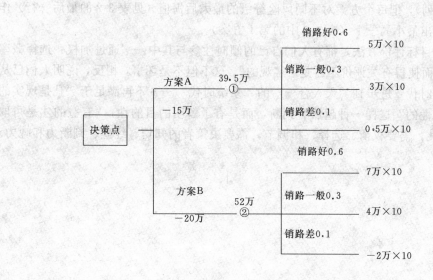

图 3-1 决策树法示例（数据及评价见表3-1）

对于不知道（难以估计）风险概率的二目标评价，可采用如下几种粗略的评价方法（见表 3-2）：

1. "小中取大（小收益的最大值）法"，也就是为了保险（把困难估计得大一些）而对风险损失最大的等级加权（打分）为"1"，而对其它等级加权为零，参见表 3-2 的第 3、4 行数据。这样，预期收益虽然较小，但是从这"小"中取出来的较大值（表 3-2 中的第Ⅲ方案）是较有保证的。这个方法也被称为"大中取小（大风险中的最小值）法"，因为事先已经考虑了最大损失，而被选中的方案是损失最小的一个。

**不知风险概率的二维数值（三方案）**　　　　　　　　　　　　　　表 3-2

| 风险损失等级 | 经济收益（万元） | | | 最大收益值 | 后悔值（万元） | | |
|---|---|---|---|---|---|---|---|
| | 方案 I | 方案 II | 方案 III | ($y_{j最大}$) | 方案 I | 方案 II | 方案 III |
| 小（销路好） | 90 | 120 | 50 | 120 | 30 | 0 | 70 |
| 中（销路一般） | 60 | 50 | 35 | 60 | 0 | 10 | 25 |
| 大（销路差） | −20 | −40 | 8 | 8 | 28 | 48 | 0 |
| 最小效益值 | −20 | −40 | 8 | | | | |
| 最大效益值 | 90 | 120 | 50 | | | | |
| 最大后悔值 | | | | | 30 | 48 | 70 |

2．"大中取大（大收益中的最大值）法"，也称为"冒险决策法"，就是对风险损失最小而预期收益最大的等级加权为"1"，而对其它等级加权为零，参见表 3-2 的第 1、5 行数据。这样选出的最大值（表 3-2 中的第 II 方案）预期收益很高，但是从这"大"中取出来的最大值很难落实（风险很大）。

3．"最小最大后悔值法"，就是用（$y_{j最大} - y_{ij}$）（参见公式（3-1））作为"后悔值"（见表 3-2 的最后三列），把每个方案对不同风险等级的最大后悔值（见表 3-2 的最后一行）作为总分，从中选出最小的一个（表 3-2 中的第 I 方案）。

任何一种多目标评价方法，都有人们自己的倾向性参与其中——通过加权、选择概率等级、总分类型而使得有关评价不再是"客观的"。这不但不是坏事，相反，说明人们已从纯客观的"科学时代"进步到"天人合一"的"系统时代"——不再满足于"凡是现实的东西都是合乎理性的"这样一种超然的判断，而是有了鲜明的目的性："有益的才是可取的"。正因为如此，需要权衡、选择、和调节；需要决策者的知识、经验、判断力和魄力。

# 第四章 经济效益与园林规划

## 第一节 经济效益：实效/产出、产出/投入、利润/成本

效益是人类行为（消耗）所导致的效果之中对人类有益的部分（参见图4-1）。对于人类行为所产生的负效果（如污染等有害生产量），很少称之为负效益。对于有害生产量和正效果中无效消耗的部分，在数量化的指标中都要加以考虑（参见第一章第二节公式(1-6)）。效益可分为生态效益、社会效益、经济效益三类（见图4-1），它们分别与人类的生理行为、文化行为、技术行为相关（参见第一章第一节图1-1）。

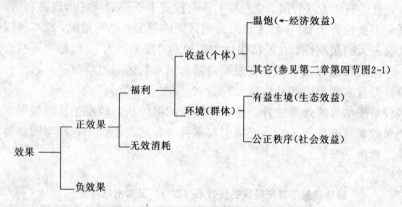

图 4-1 人类行为效果的主要类别

经济效益是人类经济行为所导致的效果之中对人类有益的部分。通常就用对人类有益的那一部分效果与相关行为的付出之比来衡量。例如：产出实现率是实现效益量与有效生产量（其中包含着人类付出的劳动）之比（参见第一章第二节公式(1-4)中的$S$和公式(1-3)中的$Y$）；投入产出率是有效生产量与某一生产要素的投入量之比——如果分母是劳动力所用的时间（参见第一章第二节公式(1-3)中的$T$），就称为劳动生产率($Y/T$)；如果分母是设备数量（参见第一章第二节公式(1-3)中的$W$），就称为设备的标准产量实现率($Y/W$)。

为了把产出实现率和投入产出率结合起来表述从生产直到实现效益的全过程的经济效益，常利用统一的度量——货币价值。也就是说，人们所完成的各种经济行为都换算为"成本"，而它们所导致的效果之中对人类有益的部分都折算为"生产总值"（参见第二章第四节图2-2）或"收入"，并用"收入减去成本"作为"利润"。由此可建立一个较综合的经济效益指标，即成本利润率(=利润/成本)。更进一步的指标还有内在利润率、投资回收期等（见后文第四章第五节）。

使用货币价值表示经济效益的缺点是：用金钱掩盖了许多实质性的内容。例如，质量

不合格的产品,其投入产出率很低(对人类有益的产品很少),却有可能通过欺骗宣传和瞒天过海等方式来达到较高的成本利润率。这种"见钱不见物"的成本利润分析对于不具备"既相互抗争又受法律制约"文化背景的社会往往会产生一系列副作用——由于人们不习惯于把其他人当成恶人来防范,常常让见利忘义的人得逞,这些人的示范作用又会使更多的人见利忘义。

投入产出率主要是面向"物"(含能源信息源)的效益指标(表征技术行为的时空符合度,参见第一章第一节"技术"概念和第一章第二节公式(1-4)),具有相对的稳定性和不可逆性——技术水平一旦上了一个"台阶",如果不出现大的灾难性变动(如战争或政治动乱等导致人才严重损失),往往较易于保持下去。

与此不同,成本利润率与"人"的需求、文化心理、宣传导向及资源环境相关较密,因此稳定性较差,起伏较大——一个项目(或一笔投资,往往只在一段特定的时间内具有较高的利润。这段时间(以下简称"高利区间")对于有的项目来说,出现在投资的当年(甚至更短,如投机倒卖);而对另一些项目来说,出现在投资的10年之后(甚至更长,如大型基本建设,又如飞机制造)。

一般说来,普通的法人(公司、企业等)不会投资于子孙后代才出现高利区间的项目。大多数法人甚至不会投资于20年后才出现高利区间的项目。也就是说,成本利润指标对于决策的导向具有先天的短期性。在经济生活中所说的"短期行为",则是指那些连几年的时间都等不了,不顾后果地只投资那些在短期内就出现高利区间的项目——这样一来,不但加剧资源竞争,而且常常造成产品积压,"高利"变成了"低利"。

除了一些较易于估算的效果之外,还有一些较间接的从而较难估算的效果,尤其是一些影响环境的负效果(参见图4-1),必须引起重视(参见表4-1),它们与园林需求的关联甚大(参见第二章第三节)。

环境质量下降所导致的负效果(部分)及其市场表现　　　　　　　　表 4-1

| 负效果 | 市场表现 |
| --- | --- |
| 1. 生产者: | |
| 有毒化学物质引起农产品质量下降 | 产品价值减少 |
| 空气污染导致病员增加和服务质量下降 | 盈利减少 |
| 更换酸雨损坏的设施 | 成本增加 |
| 养殖业因污水排放受损 | 再造成本 |
| 必须进行环境保护方案设计 | 成本增加 |
| 火力及核电废水处理的若干方法不宜采用 | 成本效益分析 |
| 2. 消费者 | |
| 噪声隔离,饮水处理 | 有关材料安装及用具药剂成本 |
| 因空气污染损坏的房屋涂料及人工 | 额外开支 |
| 发展计划所毁损的娱乐设施和钓鱼区 | 去更远处休娱 |

编译自 Hufschmidt, M. M., et al. 1983. Environment, Natural Systems, and Development. The Johns Hopkins University Press, Baltimore, pp. 66~67

表 4-1 所列,只从现存市场的角度来认识负效果,这还是很不够的。

例如:"投入"并不一定都是负效果,因为使用垃圾废物为原料的投入就应该说是一种正效果。同样,"产出"并不一定都是正效果。尤其是废品、废料等副产物,仅仅按其消耗的投入来计算其负效果是很不够的，因为这些东西本身还需要另外的投入才能被清除或被转化。对于前一种情况，应从整个经济系统的效益出发来加以补贴，以使得相关经济行为得到鼓励（可以用较少投入获得较大产出）；对于后一种情况，同样应以整个经济系统的效益出发加以征税或罚款，以使得相关经济行为得到限制（成本增长而减少盈利）。

再如，人类的物质利益，即获取（含建设）或控制一定形式的物质、能量、信息所带来的利益（参见第一章第一节"技术"概念及"经济"概念）是否与被获取或被控制的物量、能量、信息量成正比？是否越多越好？在物能、信息之间，是否任一项都是越大越好等等。这些问题都没有解决（应该指出，这些问题的解决有赖于在人类的生理行为、文化行为、技术行为之间进行系统权衡，并以需要牵引及环境限制为约束条件。参见第一章第一节图1-1）。

虽然经济效益问题十分复杂，但是一旦人们的园林需求达到一定程度（见第二章），并且作出了有关园林供给的决策（见第三章），那么对于配置给园林行业的资源，就应该最有效地加以利用，或者说"最经济地"、"最有经济效益地"加以使用。

如何判定某一决策（方案）及相关经济行为的有效性？或：如何评价其经济效益？这是本章的主题。

## 第二节 规模效益：成片绿地面积及单位面积投资

规模是一个生产单位或服务单位从量的方面确立的所有生产要素及产量产值（参见第一章第二节公式（1-4）及第三章第三节）的总和。但在实际应用时，人们常把最具有代表性的要素（包括产量或产值）的数量作为"规模"的指标，例如"一个年产20万吨磷酸铵的化肥厂"、"一个千人的机械厂"、"拥有两条生产线的显象管厂"，等等。对于园林业来说，较有代表性的规模指标是"一块成片绿地的面积"以及"一个公园的总投资"或"一个公园单位面积的投资"。

规模效益是因规模大小而导致的不同经济效益、社会效益或生态效益。这些效益的不同还受到地区环境、市场条件的影响。例如在高层建筑居住区，一块较大的成片绿地具有较好的规模效益；但在人口稀疏的市区，若成片绿地面积较大，则必然另外有许多市民远离成片绿地，其规模效益较小。

因此，在确立了城市中园林供给总量之后（参见第三章第五节），园林规划的第一步就是对于配置给园林业的资源进行再配置，力争达到适度的园林规模与合理的布局，以求较好的规模效益。由于园林建设往往是基础设施，而园林服务又常是公共产品（参见第二章第三节），所以更有必要在园林规划设计阶段（参见第一章第一节图1-2）力争规模适度、布局合理。在这一点上，园林业与其它一些产业是有区别的。后者规模小于适度规模时，往往使法人产品在竞争中处于不利地位，从而产生扩大规模的需要，同时也较有可能扩大规模（园林规模扩大时往往涉及周围其它基础设施及建筑，因此较难）。后者规模大于适度规模时，也同样会受市场调节而趋向减小规模，有关厂商往往会分解成为较小的生产、服务单位。

适度规模是当有关单位扩大或缩小时就会导致规模效益递减的规模（见图4-2）。递减的原因可分为内部效率降低及外部配合松弛两类（即管理水平及劳力技能等因素发生变化，参见第一章第二节公式（1-4）及（1-5）。例如规模扩大使管理不便，内部通讯联系费用增加、增设购销机构等等；又如规模缩小不利于精细分工、增大了管理人员所占的比例，难以购买大型设备及利用副产品，生产环节受制于人等等。

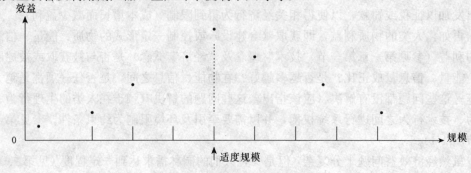

图 4-2 在适度规模时效益最高

规模效益还与结构效益（参见下节）相关。一般说来，如果扩大规模与强化分工（结构变动）同步进行，扩大规模所导致的管理困难主要体现在必须增加质量检查的环节和人员，否则操作人员有较大可能钻管理漏洞而减少自身的耗能——最后的质量问题不易查清责任。如果扩大规模不伴有强化分工，只是简单增加设备和人员，那么扩大规模所导致的管理困难在生产经营周期较长的行业（如园林业）中主要体现在次级管理人员和操作人员最小耗能的警戒线降低——高层管理者只能对最差的人员进行惩罚，而重复设置的人员越多，最差人员的素质就越有可能（较大概率）更差。人类行为的最小耗能原则使得多数人倾向于接近最差人员——在生产经营周期较长的行业中，较难使用象计件工资这样的激励机制。其它的激励机制往往只对少数人起作用，对多数人起作用的往往是惩罚措施。

与生产经营单位不同，具有多种功能的城市，其规模越大，却越少出现经济衰退（城市的棘轮作用），这是目前的市场经济理论框架所难以解释的。至于一个异域整合系统的规模效益问题，则更为复杂。对市场竞争系统来说，由于市场的周期性波动所带来的惩罚主要体现为资源重新配置过程中的亏损与破产，所以需要不断刺激需求来进行产业升级和重新配置。如果停止产业升级，商人资产者中的佼佼者难以颖脱而出，昏昏者较少破产，区域之间的交流整合就会减弱。而对科举竞争系统来说，惩罚措施主要体现为文官重新配置过程中的不升与贬谪，所以需要不断进行考核来为中央政府选拔备用的文官并异地任用。如果不实行全国性考核与异乡任职，备用的文官就往往因裙带升迁而忠于地方派系，从而不利于有关系统保持较大的规模。

对园林业来说，规模太大不利于向较多的居民提供服务，规模太小不能满足本地区居民的需求。其效益递减不仅与上述原因有关，还与园林业本身的特点（参见第一章第三节）相关。因此，有的城市已提出了关于园林规划的布局原则，分为日常、周末、假期三个层次：服务于日常生活的园林以小型绿地公园为主，达到每300～500m即有小块绿地；服务于周末休憩的园林以近郊风景区、森林公园为主，同时考虑防风效用；服务于集中假期的园林则以名山大川、名胜古迹为主。此外如"点"、"线"穿插，点、线、面结合等。

一个公园单位面积投资较多，必然导致其它公园单位面积投资较少。这其中同样涉及规模效益的问题，由于较多投资往往用于非绿地建设或昂贵观赏植物，因此这也是个结构效益的问题（见下节）。

## 第三节　结构效益：苗花、绿地、行道树与公园

结构是一个系统中不同子系统或不同元素的构成关系，包括时空关系和数量关系。"系统"则有狭义与广义之分：狭义系统可根据外界条件进行自我调节；广义系统则不具备调节适应功能。

狭义系统是能够接收、加工、传输由微量化学物质、电磁波、机械波、温差、气液压差或穿孔纸带等所携带的信息，并能根据所接受的信息来改变其状态，从而完成非信息功能的有机整体。如一切活的生物个体及群体，均能接收遗传及外界信息，依此改变状态（生长、发育）从而完成非信息功能（新陈代谢、生殖等）。广义系统则可以不具有特异的信息载体（如热力学系统、恒星系统），或只能完成信息功能（如数据库、档案、计算机）。把这两类广义系统适当结合起来，即可得到人造狭义系统（如无人驾驶飞机或导弹）。凡有人参与的系统都是狭义系统（如人机系统、工程系统、社会系统），经济系统也不例外——其信息子系统是决策规划部门及相应的指令系统，其功能（非信息）子系统是劳动力、设备、土地等（参见第一章第二节公式（1-4））。一个较大的经济系统可能包括若干较小的经济系统（也称为子系统），经济结构主要是指这些子系统之间的数量关系和时空关系。

经济结构可分为经济共同体、国家和地区、产业、行业内部、生产及服务单位内部等五个层次。其中各层还可分为亚层。如国民经济结构分为公共层、法人层（参见第二章第三及第四节）及孤立（自给自足）层，每层内部都含有生产子系统、分配子系统和消费子系统，这三个子系统的结构分别称之为产业结构、分配结构、消费结构。产业结构则是以下三个子系统的构成关系，即第一产业（农、林、牧、渔、矿）、第二产业（加工、制造、建筑业）、第三产业（转运及供给物品、提供劳务时间空间及服务、收集加工传送信息、知识或提供金融保险服务等）。分配结构是公共分配子系统、市场分配子系统与自给分配子系统的构成关系。消费结构是政府消费子系统、集团消费子系统及个人消费子系统的构成关系（参见第二章第四节图2-2）。而食物子系统、服装子系统等则形成更次级的结构（参见第二章第四节图2-1）。

第一、二产业分别为社会提供自然形态和人为形态的"产品"，第三产业为社会提供"服务"。产品是有形的"物"，服务则是无形的特定空间、时间、劳务或信息。例如，园林服务提供依靠植物而改善了的空间（参见第一章第一节园林概念），园林产品花卉等则是有形的物。商业流通服务是一种跨空间的劳务服务——顾客不必自己去生产者那里购买产品。宾馆业兼有空间（住房）与劳务（代办饮食及其它事项）服务。教育、科研等则主要是信息服务。听人倾诉或陪伴他人是时间服务。

如果只把农业作为第一产业，而把工业作为第二产业，那么矿业属于第三产业。于是，同样提供工业原料的植棉业及营林业等等，也都要属于第二产业，从而无法区分第一产业与第二产业。工业是一个从人力、能量或产量方面确立的规模概念（参见上节），而不是从产品（服务）形式方面确立的产业概念——单位面积上投入劳动力或能量较多，以及提供产量较多的工作（work）被称为工业（参见第二章第二节"工业革命"）——英语中的工厂农场（factory farm，也可译为农业工厂），就表示在笼子里集约化地大量生产蛋奶等产品。

本节所要讨论的，主要是园林业内部及有关单位内部的结构效益。因为一旦作出了园

林规模的决策（见上节），园林规划的第二步就是关于建立哪几个子系统以及它们之间的构成关系的问题。

对于一个城市来说，园林业至少包括四个一级子系统，即：苗圃与花圃（含花房）、公共绿地、行道树、公园。它们在生产、经营管理及提供服务方面各有其特点，互不相同。它们的共同点是只属于园林，不属于城市中的其它行业。虽然园林还关联着许多行业，如制造业、饮食业等（参见第一章第一节），但后者并不是园林业的子系统（如制造业），或不是园林业的一级子系统，顶多只是二级或三级子系统（如公园中的餐厅）。

以上海市为例，园林业结构在1949年是："22公顷（7处苗花圃）；783+0.4公顷（10个街道绿地占地0.4公顷，其它为专用绿地）；1.86万株（行道树）；65.8公顷（14个公园）"；而在1986年为："119公顷；1479+133公顷（1429个）；17.6万株；502公顷（50个）"。其中最后一项"公园"只包括绿地面积，仅供参考。

结构效益是因结构不同而导致的不同经济效益、社会效益和生态效益。例如，如果苗圃、花圃太少，城市绿化美化就可能缺少原材料或向外埠大量购买；相反，如果苗圃、花圃太多，由于种苗及鲜花基地本身是以生产性而不是以生态效益为主，如果需求不足，市场萎缩，则必然出现亏损。又如，绿地太少不能满足生态平衡的需求，绿地太多则降低了城市集约化的功能，增大了管道交通等设施的浪费。行道树太疏不足以遮荫吸尘隔音，太密则管理困难、甚至阻碍交通。再如，公园太少不能满足休憩的需求；如果公园太多，则游人相对减少，由于它是以提供服务为主，因此不仅亏损较大，而且并没有达到建园的目的，即没有达到一定的绿面时间比（参见第一章第二节公式（1-1）、（1-2））。

由于园林业起步较迟（参见第二章第一节），如何使得园林规划达到较大的结构效益，还是个需要探讨的问题。目前比较确定的，只是苗圃、花圃这一部分将向集约化方向发展以提高经济效益。例如工厂式生产种苗与花卉，利用基因工程和组织培养等现代技术大规模地减少苗圃及花圃用地等。此外，利用屋顶绿化和垂直绿化兼顾城市生态效益及集约功能，也是进行园林规划时应该注重的原则。

对于绿地、行道树和公园来说，还存在着二级或三级子系统。例如，对于绿地应考虑木本、藤本、草本植物之间的构成关系所导致的结构效益；对于行道树应考虑乔木、灌木之间的构成关系所导致的结构效益；对于公园应考虑更复杂的类别（子系统）之间的构成关系导致的结构效益，如类别面积复合比（参见第一章第二节公式（1-3）），等。

由于园林效益兼具生态、社会、经济三方面（参见第一章第一节），因此其结构效益还与一定的环境、文化及经济发展阶段相关。例如，对于发展中国家，城市中公园建设应以植物造景为主，除必要的服务和管理设施可兼美化建筑之外，不宜把有限的土地、人力、资金、物力过多地用在修建楼阁、假山、水池等非生物设施上。

下面简介为了优化结构而常用的线性规划。线性规划就是用多元一次方程（线性方程）组来表达约束条件和目标函数，寻求在约束之内的最优解，以使目标函数达到最大。步骤如下：

(1) 确定出最优化结构所要达到的目标（目标只有一个，但它可以是若干目标合成的，即采用多目标评价方法，参见第三章第六节）。(2) 拟定所要考虑的同一系统中（例如一个城区或乡镇的园林项目）的若干组分（如苗花、绿地、行道树、公园四类）。(3) 把有关系统的规模（参见上节）限制（如面积、投资、编制等）作为约束条件，列出若干等式或不等式（见下面方程式（4-1），该式表示各组分的相应规模之和不能大于有关的限制条件）。(4) 把所要达到的目标变量 Z 用等号与各组分对目标的贡献（或消耗）之和联系起来，以构成目标函数（见下面函数式（4-2），该式表示数量化的目标是各组分效益的函数）。(5) 利用专用软件在计算机上根据约束条件和目标函数来求出各组分所占的比例，即优化的结构。最后这一步不必自己进行，可以委托（有偿或无偿）熟悉线性规划软件（计算机程序）的人员来寻求最优值。因此，具有高中代数知识的人员就能够利用线性规划来优化结构。相反，不具有专业知识的应用数学（含计算机）本科毕业生往往只能在线性规划中起辅助性的作用——上述第（5）步所涉及的"迭代"求解过程已是相当成熟的软件技术。因此线性规划的主要工作是上述的第（1）～（4）步，这些都只能由具有专业知识的人员来完成。约束条件和目标函数的表达式分别是：

$$\sum_{j=1}^{n} a_{ij} X_j = b_i \qquad a_{ij} \geqslant 0, \ X_j \geqslant 0, \ i = 1, 2, \cdots\cdots m \qquad (4\text{-}1)$$

和

$$Z = \sum_{j=1}^{n} c_j X_j \qquad X_j \geqslant 0 \qquad (4\text{-}2)$$

其中，$X_j$ 是第 $j$ ($j=1, 2, \cdots n$) 个组分所占比例或相应数额；$n$ 是有关系统中被考虑的组分总数；$b_i$ 是第 $i$ 个约束条件；$m$ 是约束条件的个数（公式（4-1）表示了 $m$ 个多元一次方程）；$a_{ij}$ 是一个单位的第 $j$ 种组分使第 $i$ 个约束条件紧缩的数量（由于第 $j$ 种组分占用了 $b_i$ 之中数量为 $a_{ij}X_j$ 的资源或投资，其它组分便只有 $b_i - a_{ij}X_j$ 的资源可被利用）；$c_j$ 则是一个单位的第 $j$ 种组分使该系统接近（或背离）目标的数量，相应地，目标函数应取极大值（或极小值）。公式（4-1）可表达为不等式，求解时由计算机中的相关程序自行引入"松弛变量"（虚拟组分）来把不等式转化为等式约束条件，然后再寻求最优解。

## 第四节　生产要素效益：投入产出分析

园林规划的第三步是对于一定规模、一定结构的园林决策（参见第四章第二及第三节）作出更具体的实施设计，即采用一定技术设备和原料（物）、适当的管理与技能（心）、利用一定的劳动时间（时）和土地（空）来形成关于园林建设的设计规划。这四个生产要素（参见第一章第二节公式（1-4）及第三章第三节）及其构成关系（结构，参见上节）对于经济效益的影响，就是"生产要素效益"或"物心时空效益"。它与通常所说的"生产函数"的差异在于，前者全面考查各生产要素与有效生产量的关系，后者则表示"生产要素的某一种组合同它可能生产的最大产量之间的依存关系，也就是说，它表示一定的产品数量取决于不同生产要素在一定组合比例下的投入量。"例如，在柯布-道格拉斯生产函数之中，其实只包括两个生产要素：劳动力和资本，即

$$Q = kL^{\alpha}C^{1-\alpha} \qquad (4\text{-}3)$$

其中，$Q$ 是产量（相当于"有效生产量"），$L$ 是劳动投入量，$C$ 是资本投入量，$k$ 是正的常数，$\alpha$ 是工资在总产量（值）中的相对份额，$1-\alpha$ 是资本收益的相对份额（在美国，$\alpha$ 约为 3/4）。显然，公式（4-3）只是经验公式，不象第一章第二节公式（1-4）那样具有明确的行为内涵。西方经济学家常把生产要素归结为"劳动力、土地、资本"这三项，即把直接参

加管理的人员工资作为劳动力的收入,而把用于设备基建投资的回报和投资者的间接管理收入都作为正常利润。其实,从整个经济系统的运行来看,间接管理的投资者与直接管理人员都贡献于管理水平,而与操作人员的技术水平相区别(参见第一章第二节公式(1-5))。因此,正常利润应该看作是若干种生产要素的收入,其中一部分与经济决策直接相关,是对于提高时空符合度的一种回报(参见第三章第一节)。

当园林规模和结构确定(参见第四章第二及第三节)之后,有关的园林建设的面积(如绿地面积)$A$ 就确定了。公式(1-4)经简化后可表示成:

$$A=Y/WTCL(A) \qquad (4\text{-}4)$$

其中各字符含义见第一章第二节。这样,效益问题就归结为:对于一定的有效生产量 $Y$(如植被覆盖率),合理地投入设备($W$)、劳动时间($T$)、管理及科技($C$)、基建材料〔$L(A)$〕。

任何单项生产要素不断增加投入,都会使有效生产量的增加越来越小,这称为"边际收益递减规律"。这与消费品边际效用随其数量增多而递减是类似的(参见第一章第三节)。例如,对于十公顷的绿地建设来说,一台小型拖拉机的边际收益大于二台。另一方面,对于一定规模的园林建设来说,生产要素要达到一定的规模才能与之适应,否则就可能无法在一年内达到一定的植被覆盖率(目前经济指标大多以一年为期进行统计,参见第一章第二及第三节)。因此,有必要对于不同的投入所导致的不同产出进行比较,争取以较少的投入获得所需的产出。这个比较和选择程序称为投入产出分析。

最简单的投入产出分析是只对单一生产要素进行,即列出其投入量、投入增量与总产量、平均产量、边际产量的相关数据表格(即用列表法表示函数关系)。一般说来在保证按时完成有效生产量指标的前提下,选择与最大的平均产量相对应的投入量作为该生产要素的投入量,见表 4-2:单一生产要素(氮肥,用来改善立地质量,参见第一章第二节公式(1-4))投入产出分析。其中第一列是氮肥投入量,第二列是投入增量(即第一列的相应行与其上一行之差),第三列是总产量,第四列是每磅(454g)氮肥的平均产量(假设土壤中原有含氮量为零),第五列是以 1.17 公斤(25 磅)为单位的边际产量。

单一生产要素(氮肥)投入产出分析　　　　表 4-2

| 每亩施用纯氮(磅) | 投入增量(磅) | 每亩玉米产量(英斗) | 每磅氮肥平均产量(英斗,设土壤中原含氮量为零) | 每增施25磅氮所增收的玉米(英斗) |
|---|---|---|---|---|
| 10 | — | 84 | 8.4 | — |
| 60 | 50 | 117 | 1.95 | 16.5 |
| 110 | 50 | 133 | 1.21 | 8.0 |
| 135 | 25 | 139 | 1.03 | 6.0 |
| 160 | 25 | 144 | 0.90 | 5.0 |
| 210 | 50 | 146 | 0.70 | 1.0 |

资料来源:《农场管理学》(美)1976;引自张培刚、厉以宁《宏观经济学和微观经济学》。北京:人民出版社,1980 第101页(原缺第二和第四列)

从表 4-2 的第五列(最后一列)可以看到:边际收益随着氮肥投入量的增加而减少。但是从第三列又可以看到:氮肥越多,有效生产量越高。那么,到底应该投入多少氮肥呢?这就要看选用什么决策指标(参见第三章第三节):如果只追求产量,那就多施氮肥;如果只考虑每磅氮肥的效益，那就少施氮肥。如果兼顾这两个指标，那就要进行二目标评价（参见第三章第六节）。如果以财务金钱效益为指标（参见下节），那么就必须在表4-2中补入更多的数据（如化肥价格和玉米价格等）才能得出结论。

两个生产要素（不是二个目标）的投入产出分析通常以财务金钱效益（参见下节）为指标——在保证一定的有效生产量的前提下，争取这两个要素的组合使得成本最小，见表4-3。表4-3中的"产出"是完成一公顷的绿地建设。从表4-3中还可以看出：所用的设备越多，每千瓦小时所能替换的人数越少（参见上述边际收益递减规律），当替换下来的劳力工资 $[2元×(8-6)$，见表4-3第4列和第1列] 与每千瓦小时的成本 $[4元×(3-2)$，见表4-3第4列和第2列] 相等（用公式表示就是 $\Delta x_1/\Delta x_2 = P_2/P_1$，在表4-3中，$\Delta x_1=8-6$，$\Delta x_2=3-2$，$P_1=2$，$P_2=4$）时，就达到了较高效益（最佳组合）。

**绿地建设中劳力设备的投入产出分析** 表4-3

| 劳力 $T$<br>（小时/公顷） | 设备 $W$<br>（千瓦小时/公顷） | 边际替换率 $\Delta T/\Delta W$（一千瓦小时替换的一人小时数） | 资金成本（每人每小时2元，每千瓦小时4元） |
|---|---|---|---|
| 15 | 0 | — | 30 |
| 11 | 1 | 4 | 26 |
| 8 | 2 | 3 | 24 |
| 6 | 3 | 2 | 24 |
| 5 | 4 | 1 | 26 |

分析结果：每公顷8小时人力与2千瓦小时设备，或者6小时人力与3千瓦小时设备的投入，可使经济效益最高（成本最少）。太多或太少人力投入都会使经济效益下降。

比较全面的投入产出分析则应在 $n$ 维生产要素的代数空间中进行，即把约束条件内的各种组合作为 $n$ 维空间中的不同的"点"或"向量"，然后即可按照单一生产要素的分析方法进行分析与决策。其中涉及的重复性统计及计算，均可由计算机完成，前提是各维生产要素都已数量化。从目前来看，有待量化的要素是管理水平（$C_{1i}$）和劳动技能（$C_{2i}$）（参见第一章第二节公式（1-5））。

目前常用的投入产出效益指标都是对单一生产要素厘定的。如：劳动生产率（$Y/T$）、材料利用率〔$Y/L(A)$〕（参见公式（4-4））、能源利用率等。随着人们国土观念及科技意识的提高，还应该使用土地利用率（$Y/A$）、知识（信息）利用率（$Y/C$）、新技术利用率（$Y/W$）（参见公式（4-4）等指标）。

更为全面的投入产出分析是把规模和结构效益（参见第四章第二及第三节）也纳入分析过程。即在 $n×m×p$ 维空间中进行（其中 $p$ 是不同的经济部门数，$m$ 是各经济部门中最多组分数，$n$ 是各组分中最多的要素组合数；其它部门或组分总有若干分量为零）。虽然从原则上说，这种投入产出分析与上述方法没有什么不同，但是由于涉及参量太多，目前只在一些简化的条件下进行探讨。实践中主要依靠非程序化决策（参见第三章第四节）或决策参照（见第三章第五节），然后依靠市场来调节或接受"紧张状态"的教训来"纠偏"（紧张应变）。随着新一代计算机的研制和人类进行模拟、预测能力的提高及信息收集、反馈能力的提高，投入产出分析的应用将逐步扩大。下面简单介绍用于显示不同经济部门之间相互关系的投入产出分析，参见表4-4。

表 4-4 我国1973年61类主要产品投入产出表（双线格内）及增补

| 生产(产出) \ 使用(投入) | 单位 | 农 1 粮食 | ... 6 猪 | 轻工 7 棉纱 | 16 表 | 重工 17 电 | 26 钢材 | 36 化肥 | 59 机械 | 运输 60 铁路货运 | 建筑 61 建筑安装工程 | 其它生产消耗 小计 | 其它生产消耗 合计 | 非生产消费 | 最终产品 增加库存 | 最终产品 增加国家储备 | 最终产品 新增固定资产 | 最终产品 进口(一) | 最终产品 出口(+) | 损耗 合计 | 未明项 | 总产量 | 消除污染活动 | 产生的污染 | 总产品 |
|---|---|---|---|---|---|---|---|---|---|---|---|---|---|---|---|---|---|---|---|---|---|---|---|---|---|
| 农业 1 粮食 | 亿斤 | $X_{1,1}$ | | $X_{1,7}$ | | $X_{1,17}$ | | | | $X_{1,60}$ | $X_{1,61}$ | $W_1$ | $U_1$ | | | | | | | $Y_1$ | | $X_1$ | $E_{1,1} E_{1,m}$ | $P_{o1}$ | $Z_1$ |
| ... 6 猪 | 万头 | | | | | | | | | | | | | | | | | | | | | | | | |
| 轻工业 7 棉纱 | 万件 | $X_{7,1}$ | | $X_{7,7}$ | | $X_{7,17}$ | | | | $X_{7,60}$ | $X_{7,61}$ | $W_7$ | $U_7$ | | | | | | | $Y_7$ | | $X_7$ | $E_{7,1} E_{7,m}$ | $P_{o7}$ | $Z_7$ |
| 16 表 | 万只 | | | | | | | | | | | | | | | | | | | | | | | | |
| 重工业 17 电 | 亿度 | $X_{17,1}$ | | $X_{17,7}$ | | $X_{17,17}$ | | | | $X_{17,60}$ | $X_{17,61}$ | $W_{17}$ | $U_{17}$ | | | | | | | $Y_{17}$ | | $X_{17}$ | $E_{17,1} E_{17,m}$ | $P_{o17}$ | $Z_{17}$ |
| 26 钢材 | 万吨 | | | | | | | | | | | | | | | | | | | | | | | | |
| 36 化肥 | 万吨 | | | | | | | | | | | | | | | | | | | | | | | | |
| 59 机械 | 万吨 | | | | | | | | | | | | | | | | | | | | | | | | |
| 运输 60 铁路货运 | 亿吨公里 | $X_{60,1}$ | | $X_{60,7}$ | | $X_{60,17}$ | | | | $X_{60,60}$ | $X_{60,61}$ | $W_{60}$ | $U_{60}$ | | | | | | | $Y_{60}$ | | $X_{60}$ | $E_{60,1}/E_{60,m}$ | $P_{o60}$ | $Z_{60}$ |
| 建筑 61 建筑安装工程 | 亿元 | $X_{61,1}$ | | $X_{61,7}$ | | $X_{61,17}$ | | | | $X_{61,60}$ | $X_{61,61}$ | $W_{61}$ | $U_{61}$ | | | | | | | $Y_{61}$ | | $X_{61}$ | $E_{61,1}/E_{61,m}$ | $P_{o61}$ | $Z_{61}$ |
| 职工人数 | 万人 | $L_1$ | | $L_7$ | | $L_{17}$ | | | | $L_{60}$ | $L_{61}$ | | | | | | | | | | | | | | |
| 劳动报酬 | 亿元 | $V_1$ | | $V_7$ | | $V_{17}$ | | | | $V_{60}$ | $V_{61}$ | | | | | | | | | | | | | | |
| 税金 | 亿元 | $T_1$ | | $T_7$ | | $T_{17}$ | | | | $T_{60}$ | $T_{61}$ | | | | | | | | | | | | | | |
| 利润 | 亿元 | $P_1$ | | $P_7$ | | $P_{17}$ | | | | $P_{60}$ | $P_{61}$ | | | | | | | | | | | | | | |
| 占用资金总额 | 亿元 | $K_1$ | | $K_7$ | | $K_{17}$ | | | | $K_{60}$ | $K_{61}$ | | | | | | | | | | | | | | |
| 产值 | 亿元 | $Q_1$ | | $Q_7$ | | $Q_{17}$ | | | | $Q_{60}$ | $Q_{61}$ | | | | | | | | | | | | | | |
| 污染种类 | | $P_{o1,1}/P_{om,1}$ | | $P_{o1,7}/P_{om,7}$ | | $P_{o1,17}/P_{om,17}$ | | | | $P_{o1,60}/P_{om,60}$ | $P_{o1,61}/P_{om,61}$ | | | | | | | | | | | | $F_{1,1} F_{1,m}$ / $F_{m,1} F_{mm}$ | $R_1$ / $R_m$ | $Z_{p1}$ / $Z_{pm}$ |
| 固定资产折旧 | | | | | | | | | | | | | | | | | | | | | | | | | |
| 总产品 | | | | | | | | | | | | | | | | | | | | | | | | | |

从该表的水平方向可以看出各类产品在该年度的使用情况以及污染的产生情况。例如当 $X_{11}$（种籽）＝382亿斤，$X_{16}$（猪饲料）＝203亿斤，$X_{17}$（棉布用浆等）＝1.50亿斤，……时，即可"小计"出1973年61类产品共消耗粮食609.35亿斤（另有生产食用植物油22.85亿斤，其它57类消耗为零）。如果再加上 $W_1$＝418.11亿斤（其它生产消耗），则中间产品"合计"为1027.46亿斤。此外，1973年粮食非生产消费（饮食等）为4085.89亿斤，库存增加220亿斤，国家储备增加71.41亿斤，进口192.43亿斤，出口79.87亿斤，最终产品"合计"为4264.74亿斤＝$Y_1$。如果再加上损耗（霉烂、火鼠等灾害）和"未明项"，就等于 $X_1$（粮食的总产量）。目前我国尚未把"消除污染活动"单列一项，所以在表4-4中列在最后。一般说来，这一项也属于"中间产品"，即为了"生产"较好的环境而投入的粮食，如种籽以及微生物培养基等。不过，绿地建设所用的种籽通常都不是"粮食"。此外，上述61类之中不包括"园林业"，园林业是一个相对新型的行业（参见第一章第三节及第二章第一节）。它与表4-4中"产生的污染"（$P_{01}\cdots P_{061}$，$R_1\cdots R_m$）一栏关系甚密——污染越多，人类对于借靠植物来改善居住环境和休憩环境的需要越大（参见第二章第二节）。人类不可避免地要在生产的"最终产品"和"产生的污染"之间进行权衡，对 $Y_1$ 和 $P_{01}$，$Y_2$ 和 $P_{02}$……给以适当的权重，然后计算出"总产品"。即进行"双目标评价"（参见第三章第六节）。

从表4-4的垂直方向可以看出各类产品生产过程中对其它产品的消耗情况、生产要素的投入以及货币形态的经济效益（参见下节）和产生污染的情况。例如1973年 $X_{11}$＝382亿斤（见上文），$X_{17,1}$（生产粮食用电）＝60.71亿度，$X_{26,1}$（生产粮食用钢）＝20.08万吨。由此可以将"粮食"作为基础来估算各类生产工具（如农具）的权重 $W$ 和立地质量 $L(A)$（如供电、化肥等），参见第一章第二节公式（1-4）。目前常利用表4-4来计算产品的完全消耗系数，例如每万斤粮食对种籽消耗量（斤）[即 $X_{11}\times 10000/(Y_1-X_{11})$]，每吨原煤耗钢材（公斤），每吨煤耗电（度），每吨钢材耗电（度）[即 $X_{26,17}\times 10000/(Y_{26}-X_{26,26})$]，等等。1973年我国每吨铝耗电18.339度，煤34度，1972年原苏联分别为14.669度、37度。进一步分析后得知：我国冶铝工业浪费能源较重，而采煤业电气化程度较低。

## 第五节 资金财务效益：成本利润分析

对于作为法人产品的园林规划（参见第一章第三节及第二章第四节），不仅要考虑"生产要素效益"（见上节），还要把"资金财务效益"放在重要的地位，因为法人对园林的投资与否，常常受到"最大利润原则（使边际收益与边际成本相等）"的影响。

资金是各种货币形态（存款、现金、活存、定存、纸币、金币、实物折算价值等等）的总称；财务是对资金的管理和运用。货币是人们普遍接受的、充当交换媒介的东西；而交换是不同区域的人们互通有无，以及分工之后的不同专职的人们互通有无的行为。

进入封建城堡系统（同域分层，参见第二章第一节）的人类社会，这两类互通有无的交换行为就已并存，但货币或金钱发挥较大的功能的领域是在城堡之间，而不是城堡内部。

对于异域整合系统（参见第二章第一节）来说，货币的内部功能扩大了——对于科举竞争系统来说，货币应用于皇权结构之外的物质需求领域；而对于市场竞争系统，货币应用于社会结构的全部物质需求领域。货币拥有量表示了相对于总资源或总供给的一定份额。货币流通对于减少无效消耗量（参见第一章第二节公式（1-6））发挥着不可取代的疏通作用

(参见第六章第一节及第七节)。

货币本身逐渐成为人们的重要需求之一,而对于不少人来说,货币是最重要的需求。因此,对于拥有一定资金的人来说,除了消费需求必须支出之外,就是要在"储蓄"和"投资"之间进行选择,把多余的货币用于能够产出更多货币的那一项,或用于损失较少货币的那一项(参见第二章第四节图 2-2,其中"政府"及某些"法人"与其他法人及"个人"的不同之处在于前者可以印制货币。在我国,只有金融当局有权发行货币)。

资金财务效益是资金管理及运用所导致的效果之中对人类有益的部分。它与经济效益(参见第四章第一节)的区别在于:经济效益主要体现于"物质(能量、信息)利益",而资金财务效益除了"物质利益"之外,还可能体现于"精神利益"——金钱货币在一些人群中已逐渐异化为一种超乎人间一切物质存在的永恒实体。腰缠万贯对于拜金者来说,正如"知仁勇"之于儒门子弟,"涅槃"之于佛门弟子,"千古流芳"之于重名节者一样,已经是一种精神追求,而不是一种物质需求。这种情况使一些过于理论化的经济模式与人们实际的经济行为不相符,甚至使人提出"是人们不合理还是经济学家错了?"这样的问题。

西方的经济学家往往假设人们的行为遵循"最大利润原则"——市场人格的典型特征就是要让货币的边际收益与边际成本相等。货币的边际收益是指最后增加的一个单位商品的卖价,它等于货币收益的增量除以产量的增量。边际成本则是为了增加最后一个单位商品所必须投入的货币。如果货币的边际收益小于边际成本,那当然"不合算",因为入不敷出。反过来,货币的边际收益大于边际成本,那也"不合算",因为这说明还有一些能够赚来钱的潜力没有被发挥出来(参见图 4-3)。这正如日照最长的那一天(夏至)还不是最热的那一天,只有到了地球储热最多的时候(三伏天)才最热。

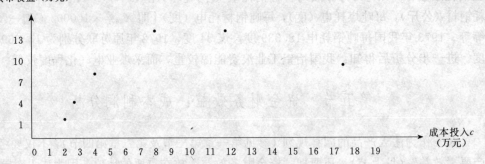

图 4-3 "最大利润原则"图示

($c=2$时,只要增加1万元的投入,就可以多收益3万元;$c=3$时,需要增加2万元的投入,才能多收益3万元;按照"最大利润原则",这时还要继续增加投入;直到$c=5$时,需要增加3万元的投入,才能多收益3万元;也就是说,投入8万元时,赚钱的潜力才用完了,不应再把资金投入这个项目了。)

这种最大利润原则推广到日常的货币运用方面,就是要让每一笔日常消费之外的钱都"生出(繁殖)"最多的钱。一般的合法途径就是银行储蓄、购买债券和项目投资。手头上暂时不用的一笔钱是投向银行、购买债券还是作为项目投资?一个"市场人"通常都是由银行利率、债券利率与项目内在利润率的大小比较来确定。一个项目的内在利润率(IRR= Internal Rate of Return)是根据该项目经济寿命内全部利润(即总收入减去总支出)及投资数额仿照银行利率计算出来的资金增长速率（与银行利率的单位相同，如"每年百分几"）。即满足下式的 $i$ 值：

$$\sum_{t=0}^{n}[(B_t-C_t-K_t)/(1+i)^t]=0 \tag{4-5}$$

其中 $t$ 是投资的年份，$n$ 是投资项目的经济寿命，$B_t$ 是第 $t$ 年收入，$C_t$ 是第 $t$ 年经营费用，$K_t$ 是第 $t$ 年生产（施工）投资额，$i$ 是内在利润率。

对于经济稳定时期的短期项目来说，根据公式（4-5）所计算出的 $i$ 值如果比当时的银行利率高，该项目就会对法人投资及个人购买股票具有吸引力。$i$ 值越大的项目，吸引力越大。但是，在经济波动时期，银行利率变动较大，作出抉择就会冒风险。至于在经济萧条时期，只有那些 $i$ 值保持为"正"的项目才有吸引力。对于中、长期项目来说，除了要考虑银行利率的变动之外，根据公式（4-5）来计算 $i$ 值这件事本身就比较困难，且易产生较大的误差（如估算项目寿命、投资及经营成本受市场影响、产品或服务受供求关系的影响、解方程时常采用简化的图解法，等等）。因此，在进行成本利润分析时，人们常不求"最优"，而求"有效"或"满意"（参见第三章第四节）。即采用比内在利润率更简单的指标来估算某一项目的资金财务效益，例如：单位投资的年利润 $[\sum(B_t-B_{t-1})/\sum(C_t-C_{t-1})+(K_t-K_{t-1})]$、投资回收期 $[\sum_{t=1}^{p}B_t=\sum_{t=0}^{p}(C_t+K_t)$ 中的 $p]$ 等（字符含义参见公式（4-5），求和号表示从 0 到 $n$，$p$ 表示达到回收投资的年份）。单位投资年利润越大的项目，其资金财务效益越好。投资回收期越短的项目，其资金财务效益越好（投资回收期的倒数称为投资效果系数，其值越大则效益越好）。

从经济系统或人类社会的角度来看，资金财务效益并不只是体现在资金本身的"繁殖力"（产生更多的货币），而是更应体现在资金对于经济能力和社会秩序的贡献，即对于有效生产量及其诸因子，对于提高临界供养系数和综合覆盖度，以及对于降低供养系数和游离覆盖度的贡献（参见第一章第二节及第三章第三节）。有关的效益指标是：单位投资的产品量 $[\Sigma Y_t/\Sigma(C_t+K_t)]$、固定资产形成率 $[\Sigma L_t(A)/\Sigma K_t]$、单位投资的就业时数 $[\Sigma T_t/\Sigma(C_t+K_t)]$、单位投资的设备更新等级或管理水平升级 $[\Sigma W_t/\Sigma(C_t+K_t)]$ 或 $\Sigma C_t/\Sigma(C_t+K_t)]$ 等（字符含义参见公式（4-5）及第一章第二节公式（1-4），求和号表示从 0 到 $n$。此外，管理水平升级不等于"时空符合度"升级；但后者属于前者。）

下面简单介绍可用来进行成本利益分析的资金来源去向表，见表 4-5。从表 4-5 的水平方向可以看出在某一年度（如 1995 年）来自不同源头的资金的分配和使用情况。从表 4-5 的垂直方向可以看出社会的不同组分获得资金的情况（参见第二章第四节图 2-2）。例如：$J_{11}$ 表示生产部门自留经营基金，$J_{12}$ 表示生产部门投向科研的资金，$J_{18}$ 表示生产部门用于扩大再生产的投资，$J_{13}$ 表示政府消费中来自生产部门的那一部分，等等。由于人们逐渐认识到科技是生产力的重要组分（参见第一章第二节公式（1-4）中的 $C$），而"科学研究"不同于生产技术，即不是为了获取和控制物质能量信息的程序行为，而是为了发现物质能量信息之间的规律和关联所进行的程序思维和行为（参见第一章第一节"技术"概念。一般说来，科学研究包括"观察、假设、推论、实验"四程序)，所以有必要单列一项。此外，表中的"消费"均可依"消费结构"（参见第二章第四节图 2-1）分为亚项；"储蓄"也可分为活期、定期、商业性、非商业性等亚项；政府投资可分为财政拨款、建立国营企业和信贷购股；法

表 4-5

## 1995年我国国民收入资金来源去向表（单位：亿元）

| 去向<br>来源 | 生产 | 科研 | 政府 消费 | 政府 储蓄 | 政府 投资 | 法人 消费 | 法人 储蓄 | 法人 投资 | 个人 消费 | 个人 储蓄 | 个人 投资 | 国外 消费 | 国外 储蓄 | 国外 投资 | 合计 |
|---|---|---|---|---|---|---|---|---|---|---|---|---|---|---|---|
| 生产 | $J_{11}$ | $J_{12}$ | $J_{13}$ | | | | | | | | | | | $J_{1,14}$ | $J_1$ |
| 科研 | $J_{21}$ | $J_{22}$ | | | | | | | | | | | | $J_{2,14}$ | $J_2$ |
| 政府 消费 | $J_{31}$ | $J_{31}$ | | | | | | | | | | | | | $J_3$ |
| 政府 储蓄 | $J_{41}$ | | | | | | | | | | | | | | $J_4$ |
| 政府 投资 | $J_{51}$ | | | | | | | | | | | | | | $J_5$ |
| 法人 消费 | $J_{61}$ | | | | | | | | | | | | | | $J_6$ |
| 法人 储蓄 | $J_{71}$ | | | | | | | | | | | | | | $J_7$ |
| 法人 投资 | $J_{81}$ | | | | | | | | | | | | | | $J_8$ |
| 个人 消费 | $J_{91}$ | | | | | | | | | | | | | | $J_9$ |
| 个人 储蓄 | $J_{10,1}$ | | | | | | | | | | | | | | $J_{10}$ |
| 个人 投资 | $J_{11,1}$ | | | | | | | | | | | | | | $J_{11}$ |
| 国外 消费 | $J_{12,1}$ | | | | | | | | | | | | | | $J_{12}$ |
| 国外 储蓄 | $J_{13,1}$ | | | | | | | | | | | | | | $J_{13}$ |
| 国外 投资 | $J_{14,1}$ | | | | | | | | | | | | | $J_{14,14}$ | $J_{14}$ |
| 合 计 | $J_{01}$ | $J_{02}$ | $J_{03}$ | $J_{04}$ | $J_{05}$ | $J_{06}$ | $J_{07}$ | $J_{08}$ | $J_{09}$ | $J_{010}$ | $J_{011}$ | $J_{012}$ | $J_{013}$ | $J_{014}$ | |
| 顺差或 逆差 | $J_{01}-J_1$ | | | | | | | | | | | | | $J_{014}-J_{14}$ | |

人投资可分为建立私人企业、购买股票和设立基金（用于赞助或捐赠）；个人投资可分为购买股票、响应募捐和违法经营（若不违法、则应属于法人投资）等。其中财政拨款主要用于非物质生产部门，即提供安全、文教、医疗卫生、环境改善等公共产品，它与园林行业的关联甚大（见第一章第三节及第二章第三节）。政府投资和法人投资的提高通常有助于提高经济系统的综合覆盖度，而违法经营的个人投资则会增大游离覆盖度（参见第一章第二节公式（1-7）及第三章第三节）。

# 第五章 质量数量管理与园林建设

## 第一节 经济管理：减少无效劳动和浪费

经济管理是为了达到特定的经济目的（产供销用、减灾、"挣钱"等），在群体中对人类行为所进行的程序制定、执行和调节（见第一章第一节）。其效果是使人们在适当的时间、适当的空间、以适当的方式付出劳动，也就是提高时空符合度（见第一章第二节）、减少无效劳动和浪费，从而以较少的劳动时间获取较大的有效生产量。如果把"特定的经济目的"从"生产"推广到"流通分配"、"资金财务"，甚至进一步推广到"经济秩序"和"社会福利"，那么经济管理的效果就包括使人们在适当的时间、适当的空间、以适当的方式把产品投入市场或公共分配子系统（见第四章第三节），把游余资金存入银行或进行投资（见第四章第五节），以及通过对政府投资及税收政策的调节来增大实现效益量、增大综合覆盖度、减小供养系数或游离覆盖度（见第一章第二节、第三章第三节及第四章第五节）。

程序制定就是对于有关经济行为进行时间排序，如园林建设可分为园林筹建、设计、审批、组织、施工、验收等六个阶段。其中第一阶段又可进行更细致的程序制定，直至最后的操作环节。

程序执行就是将各个阶段的具体环节付诸实施，一般说来，它特指各级管理人员的指挥和基层人员按照规程及指挥进行操作及相互配合（协调）。

程序调节则是对于程序执行的效果（参见第四章第一节）加以控制——如果有关效果偏离了特定的经济目的，那么就要寻找原因并加以纠正。不具有调节程序的管理并不一定达不到目的，但是如果出现偏离，就只能在受到"硬性"约束（如甲方验收，又如资源约束，参见第一章第一节图1-1）时能才被发现，导致"紧张应变"的局面（参见第四章第四节）。相反，具有调节程序的管理则可以防微杜渐，把"紧张应变"化解在"误差调节"之中。调节程序的关键在于为有关的执行环节厘定指标——在现代管理中常需厘定数量化指标（标准化原理）。这样才便于发现程序执行的结果是否偏离了特定的经济目的。早期指标主要针对数量（定额），随着技术进步、工艺复杂化，越来越多的指标针对质量，力图进行"全面质量控制（TQC＝Total Quanlity Control）"——对每一种质量事故总结教训，厘定相应指标，并落实到生产环节中去。日本企业界有句名言："好产品是生产出来的，不是靠最后检查出来的。"

程序制定的优劣主要取决于信息管理和人员管理（如程序制定者的知识水平和应变能力）。情报（现用信息）多少决定了对于一定资源条件下的生产要素及经济背景的了解，决定了是否能够"知己知彼"。知识水平主要是指对于时间参照（包括自身经验总结）和空间参照（见第三章第五节）的了解，以及关于有关经济行为的系统构成和规律的掌握。应变能力则决定了是否能够把"成型的知识"与"当前的条件"适当地结合起来以形成较好的行为程序。

由于经济行为相当复杂、统计游程较短、难以重复和检验,所以不存在一成不变的、普遍适用的"最好的"管理模式和方法,因此必须由有关人员把已有知识灵活地运用到具体的环境条件之中。(经济理论都是"学说",其中证据最多的也只是"准科学"或"软科学",而不是"科学",因为它们未经"实验检验",只经过"证据论证"。所以,经济现象中不存在象力学定律那样严格的普适定律,也不存在"在某日某时可在某地看日出"这样履试不爽的程序指令。参见第三章第二节)

程序执行的优劣主要取决于质量管理(制定规程、执行规程、纠正违规)、数量管理(合理调度、科学定额、控制进度)、物质管理(物资供应、设备良好、养护得法、储运得当)和人员管理(劳动者能否与指挥者相协调)。

其中最复杂的是人与人之间的协调配合——由于不可能制定"无微不至"的详细的程序,指挥者需要发挥应变能力来把有关知识运用到具体的环境及人事之中,以求弥补次级程序的缺失,从而把整个程序衔接起来。因此,指挥者必须取得劳动者的合作,甚至辅助。其方法大致分为物质奖惩($X$理论)、心理激励($Y$理论)、群体关联($Z$理论,参见第七章第五节)三种。这些方法的运用取决于人员管理水平及相关知识的运用,如对于人类行为及心理动机等的了解以及对于劳动者文化水平、文化类型等的掌握,更细致的管理甚至基于对个别劳动者的心理、生理状况的了解。劳动者的素质和积极性对于生产过程中未被标准化的环节具有极大的作用,还对于发现质量隐患、推动技术更新具有一定作用(见下节)。应该指出:惩罚和奖励都不限于物质和金钱形态,也不限于职务升层,还可能体现于关心(满足归属需要)、保险(满足安全需要)、尊重(满足自尊需要)、文体(满足娱乐需要)、分享机密(满足刺探隐秘的需要)、扶植成才(满足超越自我或自我实现的需要)等等。

程序调节的优劣,主要取决于信息管理和人员管理。前者如重要参量的选定及相关指标的制定、执行偏差的信息收集及加工,等等。后者如建立起不断权衡与调节的决策取向、上下配合纠偏、堵塞漏洞、修改工艺等。

总之,经济管理就是要充分运用关于自然的和人类的各种知识和信息,形成时间上和空间上(指挥与协调)的特定秩序和流程,减小无效劳动和浪费,鼓励相互配合与创新,从而"最经济地"进行建设、生产和经营。在这方面,中华文化具有极大的潜力,日本企业家的许多管理"诀窍"就源于中华文化,如终身就业制和年功序列制是"礼"的思想的体现,企业内工会是"和为贵"思想的体现……贯彻了"爱人者人恒爱之、敬人者人恒敬之"等儒家思想。(参见第七章第五节)

## 第二节 质量管理:设计、生产(施工)、养护

"质"是一物区别于它物的特征。"质量"是有关特征的特异程度,即鲜明程度。

人类通过特征识别(如色、声、嗅、味、重等)、模式识别(如构形、质地等)和心理识别(如相貌、风景等)来确认"质"。例如通过掷石投河后的声响或动态差异可以区分水和冰;通过品尝味觉差异可以区分盐和糖;通过线条组合方式(模式)差异可以识别文字;通过更复杂的信息处理(中枢心理)过程可以区分同班同学的每个人,甚至区分孪生兄弟。

质量的区分则要借助于测量来把各种基本特征加以数量化，用测量单位与被测对象相比较，包括数(shǔ)数(shù)——以手指为测量单位。数是测量的结果。也就是说，数是选定单位及按进位制比例缩小的亚单位与被测对象的对应次数。质量标准是根据人类需要而选定的某一数值或数值区间；或取导出特征（由基本特征组合运算所得数值）的某一数值或数值区间。

例如，"金"的质量标准是含金量达到或大于某一数值。为了确定其质量，要对它的比重进行测量，而比重是重量和体积这两个基本特征测量值的组合（体积也可看作是长度这个基本特征的三次导出特征，长度单位是人为选定的标准如"米"；重量单位也是人为规定的，如一立方分米的水的重量，即"公斤"；此外，还有一个基本特征，就是"时"，也是人为选定的——现代选择一昼夜的二十四分之一，中国古代选择一昼夜的十二分之一）。

再如汽车的最大速度、草坪中的杂草杂物数量，等等，都有一定的质量标准。随着技术水平的发展，常需多个特征来评价质量，例如汽车的自重、载重、震颤等（评价方法可参见第三章第六节介绍的多目标评价）。对于比较复杂的系统，尤其涉及心理识别的对象，常需探索综合性的数量化方案来评价质量，例如园林的类别面积复合比（见第一章第二节）。

质量管理就是为了达到一定的质量或标准而进行的程序制定、执行和调节。全面质量管理（参见上节）就是把有关程序层层分解到每一个已知的基础环节，并根据事故教训以及制定者及执行人所发现的影响质量的原因而对新的环节及特征加以数量化并纳入程序，或对旧的特征厘定新的指标。

园林设计的质量管理一般只包括三个一级（层）程序环节：提出要求（如功能和总体结构，参见第四章第三节）、选择设计人、对设计方案进行评价和筛选。这三个环节除与特定的园林项目本身（如小区公园或名胜扩建等）相关之外，还受到该项目总面积和总投资规模的制约（参见第四章第二节）。例如，对于较大的面积和充裕的投资，不仅可以要求较大的类别面积复合比（见第一章第二节），还可以采用投标的方式选择设计人，并聘请专家进行评价，而对于规模较小的园林建设则难以照此办理。

与施工及养护不同，园林设计的质量管理只能从"外部"进行，对于"设计过程"的内部环节并不干预，因为"设计"本身的程序性较弱，除了必不可少的"勘察"了解之外，对于缺少创新的设计，主要是根据项目要求及地点环境而查找检索已有的设计方案（设计参照，参见第三章第五节）。而对于创新的设计，设计过程所涉及的创造性构思一定是非程序化的——设计师的情感激发、直觉思维和方案形成都没有固定程序可依，对设计方案进行评价筛选也常受到评选人自身的偏好和文化水平的影响。此外，在图面设计与实物之间也存在差距，不过这种差距正在被进展着的计算机技术缩小——人们可以通过三维的或全息的图象显示技术而"身临其境"、择优而用。

园林生产（施工）的质量管理包括确立规程、执行规程、检查执行情况、纠正违规或修订规程等四个一级（层）程序环节。

规程，就是规范的程序（二级或更次级环节的序列），是人们在同类行为中的经验教训的总结，是技术发展的重要内容（参见第一章第一节"技术"概念）。一个生产单位或一个施工队伍的优劣，重要标志之一就是看其执行什么样的规程和违规多少。一般说来，应对生产要素中的每一项（参见第一章第二节公式（1-4）和（1-5））确立规程，即工艺规程

（$C_{1i}$）、操作规程（$C_{2i}$）、设备维护检修规程（$W$）、安全规程（$T$）、土地使用及环境保护规程[$L(A)$]）。对于施工质量管理来说，较重要的是前三项规程，但对于经济系统来说，最重要的是安全规程（参见第一章第一节"经济"概念），其次是土地使用及环境保护规程（参见第一章第一节图1-1），最后才是前三项规程。

执行规程是生产及施工质量管理的核心内容——规程是为了执行而确立的，检查是为了评价执行而进行的，修订是根据执行的结果而发生的。

为了保证规程的执行，除了检查之外，还要对执行者进行规程教育、技术培训和考核记录。检查执行情况也已从"成品检查"逐渐扩及"工序监查"（如实行卡片登记制度）和"用户追查"（产品记日编号，可根据登记卡片检索出有关生产环节及执行人）。

其中，成品检查是对体现为有效生产量（$Y_1$，见第一章第二节公式（1-4））的物质、能量、信息（参见第一章第一节"技术"概念）进行"质量标准"的核对。生产质量或施工质量通常可被量化为一系列标准，例如花朵的尺寸，水泥的标度，土地的坡度、平整度，道路的路面宽度、厚度、承载量、寿命，屋梁的挠度，破损荷载量，活植株的密度、间距，分枝高度、冠高度、冠幅半径长度，等等。

标准化的程度越高，越易于通过检查来控制质量。但是，同时会导致用于检查的人、财、物投入增加，即经济效益下降（参见第四章第一、四和五节）。因此，生产质量和施工质量的管理应以执行规程为"本"，而以检查监督为"标"。另一方面，执行过程难以控制，标准核对却较易实行，所以对于大多数的质量管理，目前还是以标准化和检查方法（如抽样检查以减小投入）及检查策略（如重点检查薄弱环节）的改进为主。日本企业的特殊生命力则在于它们往往能够有效地控制执行过程（参见上节），抓了"本"，这与日本国民的文化教育水平、民族危机感和向心力、以苦为乐的奋斗精神以及同舟共济的管理思想都有关系。对日本企业管理方法的探讨，已成为经济管理中的热门话题。

纠正违规通常应辅以一定的惩罚措施，因为违犯规程者或者是没有达到上岗资格，或者是因疏忽或故意而自行其是、偷工减料。对前者应予以撤换（重新培训或调任它职或从此脱离岗位），对后者应给以惩处（事先应有明文规定并签署合同）。

修订规程通常是在执行者并未违规而产品质量或工程质量出现庇漏的情况下进行的。其原因在于原有的或异地的规程不适于现在和本地（"时空符合度"太小，参见第一章第二节公式（1-4）及（1-5）），或是因为原有的规程不够详细。

因时因地修订规程有赖于专业技术人员对基础知识的掌握程度和对"土"生技术的调查了解，而把原有规程加以深化则有赖于专业技术人员对工艺及操作细节的熟悉程度及直接操作者的实践经验，即有赖于执行者的主动性。在最后这一点上，日本企业往往占有不少优势，值得作为空间参照（参见第三章第五节）。

比较重大的规程修订常被称为技术革新，除了上述两个原因可导致技术革新之外，新的科学原理的发现和新的相关技术的发明都可能导致技术革新。近代以来，科学技术日益成为经济管理的重要助手，凡不是鼠目寸光的管理人员都应该关注同行业中新技术的应用情况，关注有可能得到应用的专利发明，甚至关注新的纯科学研究，组织专业人员进行技术攻关。在这一点上，日本企业也堪称楷模，有些专利在原发明国被束之高阁，却常在日本转化成了新规程。

园林苗圃生产的二级环节及相应规程主要包括：选种（种籽、种条、组培母株）及其采收制作贮藏、选地及其翻整作床、适时播种扦插嫁接压条分株、灌排水、造肥施肥、除草松土、修剪防虫除病、(移栽复种起苗运输)、出圃(挖掘包扎修剪运输)。园林施工的二级环节及相应规程主要包括：工程图纸到位核准放线、土方工程、基础(地下、隐蔽)工程、地上土木建筑、绿地建设(整地及苗木栽植等属于三级环节)。与上述环节相配合的设备原料的运输供应等则属于与质量管理相平行的数量管理(调度、定额、进度)的内容(参见下节)。

可供参考的行道树质量标准为：成活率95％、老树保存率99.8％、树干倾斜度小于10°、死树为零、活树间距相等(缺株需补)、枝下高及树高的差异小于15％、枝叶可见虫斑数为零、树冠完整均衡(有待量化)。可供参考的小区绿地质量标准为：成活率95％、老树保存率99.8％、树木不破相(生长良好、无虫害、无机械损伤，有待量化)、绿篱平整连续(有待量化，下同)、草皮无大形野草或较大空秃、树丛花丛及草坪的边界清晰、花坛有花、无明显枯枝烂叶、无积水污泥废弃杂物。

养护质量的管理是园林建设不同于一般基本建设的方面(参见第一章第三节)。由于园林中必含植物(参见第一章第一节关于"园林"的概念)，而植物的生长和成型时期通常大于土木建设的工期，再加上植物栽植常需在土木建设基本完成之后进行，因此园林建设的质量常要在竣工之后相当一段时间之后才能定型。这一特点使得养护质量的管理成为园林建设质量管理中十分重要的部分。甚至有"三分种七分养"的说法。

园林养护的质量管理，象生产和施工一样，包括确立规程、执行规程、检查执行情况、纠正违规或修订规程四个一级程序环节。不同之处在于："养护"不仅涉及技术行为("养")，而且涉及文化行为("护")——弥补或防止人为的损害(参见第一章第一节图1-1)。在养的方面，应制定有关季节性灌排水、施肥除草、修剪除虫以及及时更换病枯植株的规程。在护的方面，则往往要以"法规"为基础来制定相应规程，因为有关行为涉及园林业与其它部门或个人的利害冲突。我国已有的相关大法有《土地法》(1950)、《森林法》(1979)和《文物保护法》(1982)，次一级的有《风景名胜区管理暂行条例》(国务院，1985)，再次一级的有《城市园林绿化管理暂行条例》(城乡建设环境保护部，1982)、《城市绿化管理办法》(各城市，如上海1983)等。依此可制定相应的养护规程，如建立绿地档案并巡查处理侵占绿地的行为、审批核准树木的砍伐、查处非法砍树、监督或/和组织施工移树及绿地恢复、配合供电修剪树木、建立名木古树档案并强化养护及复壮、巡查并阻止日常性小规模破坏(剥皮折枝、钉绳倾污、踏草摘花采籽、堆物围树搭棚、车辆机械损伤等)。

养护质量的标准仍可参考上述行道树质量标准和小区绿地质量标准。养护水平的高低不仅取决于园林业内部的管理水平，还取决于社会的文化水平和文明水平。尽管如此，园林业内部的管理水平还是具有重大作用的，尤其是把"公共关系"也纳入管理工作之后，其作用就更加可观了。公共关系是一个组织或个人不断进行的如下努力，(1)调查征询和分析评估，(2)确立真诚为人的意向并以正当方式来进行自身建设，(3)争取各种类型公众的理解和赏识，(4)造福社会、广传美名。从第(3)、(4)项出发，园林管理有必要包括调查公众的社会心理并加以引导和利用，有必要疏通与立法人员的交流渠道以争取更利于园林发展的立法，还有必要调查研究并如实宣传园林建设为人们带来的舒适、卫生、美感及延年益寿等效益和福利(参见第一章第一节"经济"的概念，以及第四章第一节"经济效益"的概念)。

## 第三节 数量管理：调度、定额、进度

数量管理的目的是在一定的建设（设计、生产、施工、养护）时期内，以较少的投入获取一定的产出。(有效生产量)（参见第一章第二节公式（1-4）及第四章第四节）；或在较少的时间内，以一定的投入获取一定的产出。

为了获得有效生产量，必须使得土地、工具（设备）、人员、材料及后勤保障在一定的时间内集中于同一区域，即完成调度计划，这是提高时空符合度的重要内容之一（参见第一章第二节公式（1-5））。

调度是为了一定的目的对于可支配的人力、物力（或财力）及相关行为进行空间上的分工、定位，以及对于不同行为及其结果进行时间上的关联和事先安排。对于不存在分工和时间相关的简单行为，通常用简单指令而不用调度；对于难以明确分工和难以事先安排的过于复杂的人类行为，则难以进行调度，只能随机应变或现场指挥。

由于调度工作头绪较多、时间要求比较严格，常有必要采用网络计划技术（运筹学图论的分支），即通过网络图的形式进行统筹规划。网络图是由表示工序的箭线把表示工序开始时间及结束时间的节点连接起来所构成的图形，见图 5-1。

在总开始的节点（源点）和总结束的节点（汇点）之间，路长最长的线路所表示的工期之和就是整个工程的总工期。该线路称为关键线路。关键线路上的工序是关键工序。"线路"是从源点开始沿箭线方向依次到达汇点所经过的路径，线路上各工序的工期之和是该线路的路长。图 5-1 中线路 1→4→7→9 的路长是 5，线路 1→5→8→9 的路长是 8，而线路 1→2→3→6→7→9 的路长是 10。路长为 10 的这一条线路是关键线路，总工期是 10。不在同一条线路上的工序叫平行工序，平行工序可同时分头进行，相互之间没有时间制约关系。

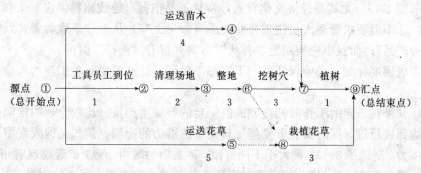

图 5-1 绿地建设网络图（示意）

（圆圈内的数字表示节点的序号，①是源点，⑨是汇点，箭线上的文字是工序内容，箭线下的数字是该工序所用时间，虚线表示不含工序即不消耗时间的先后次序。）

网络图的绘制规则如下：（1）只有一个源点和一个汇点，（2）任何一对相邻节点之间只有一条箭线，（3）没有循环回路，即没有首尾相接的箭线将若干节点连接起来，（4）没有曲线、交叉线和倒回箭线，（5）可以利用表示不含工序不耗时间的虚箭线。

上述规则使得网络图可以清晰地显示各工序的先后关系和平行关系，以及若干工序同

时制约某一后续工序的关系——从任一节点发出的箭线所表示的工序，一定要在指向该节点的全部箭线（包括虚箭线）所表示的工序完成之后才能开始。

例如图 5-1 中从节点 8 发出的箭线表示"栽植花草"这一工序，它必须在"整地"和"运送花草"这两项平行工序都完成之后才能开始；另一方面，它又不必在"整地"之后立即开始，也不一定在"运送花草"之后立即开始，因此利用两条虚箭线指向节点 8。如果去掉节点 8，从节点 5 画虚箭线指向节点 6，再从节点 6 画实箭（折）线指向节点 9，就把节点 6 表示的开始时间当成了"栽植花草"的开始时间。但是，"栽植花草"可以在"整地"完成之后一小时开始而不影响总工期。因此，节点 6 表示的"开始时间"只是"挖树穴"的开始时间，它不能用作"栽植花草"这一工序的开始节点。同理，节点 6 不能用作"运送花草"的结束节点；节点 7 也不能用作"运送苗木"的结点，因此不能省略节点 5 和节点 4，从而也就不能省略从节点 5 和节点 4 发出的虚箭线。它们常常表示有关线路上存在机动时间。

网络图显示了有关生产建设项目的总工期、关键工序和机动时间，它可以帮助调度人员争取最优的调度方案。例如，尽力缩短关键工序的工期，尽量利用机动时间，首先满足关键工序的机具和人力需要，必要时从机动时间多的工序调剂一部分人力、机具去从事关键工序。除此之外，还可以试探分解工序的新方案，或将已分解的工序进一步细分，从中寻找利用机动时间以缩小总工期的方案——机动时间被利用得越多，人力设备的浪费越少，理想的调度方案是机动时间为零——人人有岗有事无闲。除了大机器流水线生产之外，机动时间很难达到零。尤其在园林建设中，不大可能实施过细的分工——苗花绿树都是有生命的植物，不大可能象其它工业原料一样事先储备，以供流水式作业，因此，对于工序的分解要适可而止，不宜过细。

网络图中每一个工序所用的时间，都有赖于"知己知彼"来进行估算。其中较易进行的估算是"己"——建设单位自身的人员数量、素质、设备能力、管理经验、技术水平；较难估算的是"彼"——立地质量（参见第一章第二节公式（1-4））和经济文化背景（参见第一章第一节图 1-1）。尤其是经济文化背景，常常不易把握，导致原料供应紧张和"停工待料"现象，这不但要求管理人员注重公共关系（参见上节）从而"争取卖者，以便先于其他买者得到产品"；而且事先要制定"替代"方案并留有"搜寻"时间。

为了完成调度计划，必须保证每一工序都不延期，这就需要对各工序的人员进行定额管理。

定额，就是在一定的工作时间内完成的一定的有效生产量。比较合理的定额是大多数工人都能达到或超过，同时又充分发挥工具设备的潜力的定额。例如美国人泰罗曾根据美国工人的体力，制造了 8～10 种大小不同的锹，铲重物料时用小锹，铲轻物料时用大锹，使每锹的重量都接近 21 磅，依此规定工时定额，使劳动生产率提高了 2～3 倍。这是通过提高时空符合度以增加有效生产量（参见第一章第二节公式（1-4））的典型样例。另一个例子是美国人福特采用生产标准化和移动式流水线作业以促成在线工人完成定额从而提高劳动生产率。

由于定额管理涉及到相当具体的操作行为，所以还与人类行为的动机、外界的环境刺激以及相互协调的程度等因素相关。计件工资、责任承包、轻松音乐、问寒送暖等管理方法，都对提高定额具有一定的作用。

对于可分解为更简单的操作和动作的工序（如可将图5-1中"挖树穴"分解为"插锹"、"撬起"、"翻出"、"铲边"），只要测出每个动作或操作所需的平均时间，就可根据树穴大小计算出该工序的个人劳动定额——时间定额，即每树穴所用时间，或产量定额，即每工作日完成树穴数。定额时间除包括上述直接实现操作过程的"作业时间"之外，还应加上相关的准备和结束时间，在树穴之间移动的中断时间以及工间休息恢复体力及饮水排泄等必要的生理行为（参见第一章第一节图1-1）的时间。总的来看，作业时间是定额时间中最主要的组成部分。确定作业时间应对若干测时对象测若干次，一般应在上工后、收工前及二者之间各测一次，对先进者及平均水平者各测几人，最后计算平均值并分析后进者的改进余地。

对于较难分解和测定作业时间的工序，例如"整地"和"植树"（见图5-1），常须根据"经验"（时、空参照，见第三章第五节）来"估工"，并确定时间定额。对于存在更多不定因素的工序，例如"清理场地"（见图5-1），还需要进行"试工"，分几组几次进行，估算对某一特定场地进行清理的时间定额。显然，这只有对较大场地进行园林建设时才有经济效益。"试工"本身应作为一个工序纳入调度计划和网络图（见上文及图5-1）。

由于园林建设多在露天下进行手工操作或半机械化作业，受风霜雨雪、土壤地形等因素影响很大，常常难以制定普适的准确定额，因此提高劳动生产率的主要措施常是以承包责任制或目标管理为主，即对于不能按时合格完成工序（达到目标）的承包个人或单位给以经济惩罚，反之则奖励，且层层施行被分解的各级目标管理。管理者并不过细控制，只进行总体控制。承包制常可调动承包人自身的潜力和创新精神，缺点是结果并不稳定——如果承包人不能按时完工，经济惩罚并不能弥补有关园林建设的损失。此外，由于承包合同不可能面面俱到，某些承包人还可能利用各种借口（如供应不及时等其它"客观原因"）来逃避经济惩罚，或引发各种法律纠纷——经济管理的对象一般都不是"一诺千金"的君子。

无论实施标准化定额制还是承包定额制，都可能因为执行过程中的条件变化而出现误差，因此，还必须对园林建设的实际进度进行有效管理。尤其是对于关键工序，应该定期检查进展情况，如发现进度迟缓，应及时采取补救措施，如增加人员、设备、奖金、组织新的建设队伍等等。

能否有效实施进度管理是对管理人员的应变能力的考验，而应变能力对于特定建设项目来说，正是管理人员的最重要素质。这一方面因为"白猫黑猫，捉住耗子才是好猫"，能否最后"捉住耗子"（完成有效生产量）的最基层决策就取决于管理人员的应变能力；另一方面也因为"养兵千日，用兵一时"，无论是网络图也好，制定定额也好，都还是"纸上谈兵"，只有落实到建设进度如期完成，才可以说是"真刀真枪、克敌制胜"。

即使最好的"学说或理论"，也只是拥有较多证据的"软科学"，而不是屡试不爽的"科学"（参见第五章第一节），因此，管理实际本身决不可能由书本知识替代，所以优秀的管理人员一定是具有实践经验的人员，决不能指望初出校园的学生很快成为优秀的管理人员（他们很有可能成为优秀的科研人员、秘书、智囊，甚至教师）。

应变能力的培养不只取决于实际经验，同时取决于管理人员的知识背景、心理定势及智力素质。

过于注重"科学规律"以及过于执着"亲身阅历"的人员都不易培养出较好的应变能

力；以"事实"的积累为知识背景而又不局限于"个人事实"的知识背景，即"用时空整合事件"（作为参照，见第三章第五节）的知识较易培养应变能力。有关人员对于前人和他人的管理实践十分重视，但不轻易地概括和理论化，只把经验教训作为同类事件的参考。相应的教学也主要传授"事实"，如"经济管理大事典"、"成功企业若干例"等等；而不应只传授"规律"或教条。

从心理定势来看，过于注重抽象思维和过于注重形象思维的人都不易培养出较好的应变能力，前者易脱离事实进行"超越"引伸（俗称"钻牛角尖儿"），后者易耽溺于个别事实而以偏代全（即"感情用事"）。优秀的管理人员应该善于通过对事实的比较来恰如其分地进行"集群建类"和"归纳分析"，寻找事实之间的共同点和差异点。

至于智力素质，在智商、敏感性、内驱力等方面因人而异，可教性较低，但在"智力训练"方面，则与受教育水平相关。对于现代的管理人员来说，简单的审美教育（天真思维或非科学思维）和规范的理念教育（理智思维或准科学思维）固然不敷应用，就是实验的科学教育（科学思维）也是不够的，还应该上升到权衡的系统教育（系统思维）。即认识到作为复杂系统的社会或经济系统，不仅内部的因素或变量很多，而且受到外部因素或变量的约束和影响。管理人员必须经常地、不断地进行系统权衡和误差调节，从而应付各种因素的变化（可简称为"权变"），并且尽可能地使变量从定性发展为定量，从而利用计算机进行辅助，以求实现经济目标（如保证进度）。有关变量及数量化可参见表5-1。而制定切实可行的目标的程序参见图5-2。

经 济 系 统 变 量 及 数 量 化　　　　表 5-1

| 外部环境变量 | | 内在变量 | 系统管理变量 | 行为管理变量 | 程序管理变量 | 数量化 |
|---|---|---|---|---|---|---|
| 大环境<br>1. 文化背景<br>2. 政治法律<br>3. 科学技术<br>4. 经济水平<br>5. 生态与资源 | 小环境<br>1. 供应者<br>2. 需求者<br>3. 竞争者 | 1. 管理机构<br>2. 执行者<br>3. 决策程序<br>4. 非正式组织<br>5. 通讯与协调<br>6. 科技状况 | 1. 系统模拟与预测（含生产要素）<br>2. 功能反馈与调节<br>3. 信息中心 | 1. 学习与校正<br>2. 激励活力<br>3. 协调秩序（团体力学） | 1. 计划<br>2. 组织<br>3. 调度（指挥）<br>4. 通讯与协调 | 1. 经济决策数量化<br>2. 重要目标数量化<br>3. 主要变量数量化<br>4. 结果反馈数量化<br>5. 质量标准数量化 |

表 5-1 中第一列"大环境"是特定的历史及地理状况决定的，因此是相对稳定的时空特性。第二列"小环境"受大环境制约，并由人类心理及行为参与而成。第三列"内在变量"表述更具体的经济系统（如企业、施工队伍、行业部门等）。第四列"系统管理变量"和第五列"行为管理变量"分别从"整体"与"个体"的角度表述经济系统中的人类行为及其与环境的相互作用。而第六列"程序管理变量"则表述了上述行为的序化程度（参见第一章第一节"技术"、"经济"和"管理"的概念）"内在变量"中的"通讯与协调"是对整个系统而言，包括"非正式组织"、"自发行为"等等。"程序管理"中的"通讯与协调"则与指与管理相关的程序在系统内的传播程序及执行中的协调程序，它们与"进度"直接相关。与"进度"间接相关的变量是"计划（含目标，参见图5-2）"是否可行，以及"组织"、"调度"是否得当（参见表5-1"程序管理变量"）。

图 5-2 所示"目标管理"的重要作用就是制定合理可行的目标并通过分解目标和明确目标来"激励活力"、完善"通讯与协调"。

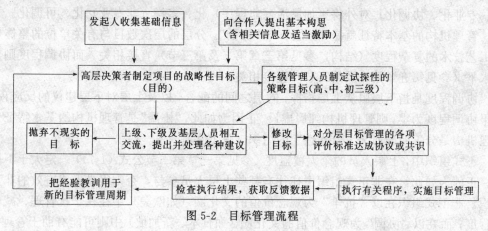

图 5-2  目标管理流程

## 第四节  管理机构（组织）

无论进行质量管理（见第五章第二节），还是进行数量管理（见上节），都是以某些专职或半专职人员的存在为前提的。例如决策者、调度者、技术员、程序宣讲及监督者、质量检查员、数量核对及记录员、财会人员、购销人员、安全防灾人员等，这些人员不同于一般的程序执行者（生产或施工中的工具操作者），统称为管理人员。由管理人员形成的分工明确的合作性组织（正式组织），称为管理机构。

组织是同类个体数目不少于二个而且个体之间既有分化（差异）又有关联（协调）的相对稳定的群体。社会组织是生物个体组成的组织（包括蜜蜂社会等）。其中，人类个体组成的社会组织也常简称为组织。

人类组织可分为正式组织和非正式组织两类。正式组织是不以年龄性别作为分工标准而且具有明确分工和规章制度的人类群体；非正式组织是仅以年龄和/或性别作为分工标准的人类群体，或是没有明确分工和规章制度的人类群体。

除了官方机构与合法社团之外，许多黑社会团体也是正式组织。家庭和准家庭（如"结义"相关）一般都是非正式组织。由于经常在一起相处而形成的较松散的小群体，也是非正式组织，如工厂和村落中的某些小群体，又如学生班级和体育队中的某些小群体，等等。其人数少则二三个，多也不超过十几个、二十个。正式组织和非正式组织在功能上的最重要区别就是是否存在经常性的制度化管理，在结构上的最重要区别就是是否存在管理机构。

管理机构是经济系统发展到同域分层（参见第二章第一节）之后的产物，在此之前的群内调济系统中不存在管理机构；即使在某些部落社会中存在分散的专职人员如酋长、巫师（医生）等，他们也没有组成合作性的组织，更没有形成经济生活中的管理机构。经济系统发展为异域整合（参见第二章第一节）的规模之后，管理机构在科举竞争系统中获得长足的发展（皇权之下的官吏士绅），并在市场竞争系统中自生自灭、汰劣存优。由于系统权衡误差调节等"信息保障需求"（参见上节及第三章第三节）的增大，相应的"信息保障系统"中的管理机构从"大环境"（见上节表 5-1）来看将更加知识化、通才化；而从"小环境"来看将更加信息化、商业化（金钱化）。对于生产或施工单位来说，对内将更加程序化、专业化、协调化；对外将更加灵活（非程序）化、多样（非专业）化、可调化。

管理机构的基本特征就是"分层"与"协调"。分层的层次数目与有关单位的整体规模及工艺技术的复杂程度（结构，参见第三章第二及第三节）直接相关。而协调程度则与管理水平（参见第五章第二及第三节）直接相关。

协调程度是指下层服从上层指挥，同层之间的配合，以及上层对下层建议的反应程度。如果协调程度为零，则管理机构纯属虚设。正因为如此，"协调"是管理机构的基本特征——管理机构是分工明确而又"合作性"的组织（见上文）。

正式组织中，上层人员的个人覆盖度（参见第一章第二节公式 (1-7)）一定大于下层人员。正因为如此，在非正式组织中往往有某些上层人员参与，否则很难形成有效的非正式组织。非正式组织在以"抗争"为观念价值的文化圈（如欧美）中往往干扰管理、减低协调程度；而在以"协调"为观念价值的文化圈（如日本、新加坡）中则可能有助于管理、增加协调程度。非正式组织是由于人们日常接触而形成的自发团体，虽没有成立正式组织，但是存在着"团体核心"、"外围"、"边缘"等层次，并在某种程度上协调着团体的行为，例如磨洋工，互相帮助，隐瞒过失，讲义气，互相督促竞赛等。

工业生产与建设（第二产业，参见第四章第三节）的管理机构是"宝塔形"，即层次较多且下层中的部门数和人数一定多于上层——最低层是 10～15 人左右的建制单位的指挥者，如班组长，维修站长等。班长负责操作规程及相应进度，并受次低层管理人员（工段长、车间主任、施工队长、某些职能科长、股长等）指挥。后者一般指挥 3～6 个同类单位或同一工艺流程中的相互衔接的单位。从次低层再向上，通常是一个相对独立的机构或建制单位的指挥者，如厂长（经理）、园林处长、绿化处长等。被指挥的次低层单位也在 3～6 个左右。

管理机构中的各层人员都是普通人，通常不易直接指挥太多的下属。才智较好的管理人员一般是"升层"，而不是"兜揽"更多的直属单位（但一日二班或三班的单位，人数及班组等相应增多）。直属单位从类别上看，有可能少于三个，如绿化处下设绿化队和苗圃（参见下文图 5-3），但从人数及建制上看一般仍是 3～6 个左右，即一个绿化处常下辖 2～5 个绿化队和一个苗圃。

相对独立的机构通常另外设有 6～9 个职能机构或办事人员以辅助其最高指挥者完成管理，例如技术室、人事室、计划财务室、供销室、公共关系安全保卫室等。这些职能机构通常都兼通内外，从而使整个单位与小环境及大环境相适应（参见表 5-1）。例如引进或改良技术，聘用或调济人材，资金往来及发放，物资采购与产品推销，与供应者（商人）、需求者（顾客）、竞争者处理好外部公共关系（如公关组），协调好本单位各部门及非正式组织或个人的内部公共关系（如工会）等。除此之外，对于兼具行政职能的独立机构，则还设有相应的组织人事、党团宣传、检查监督等辅助的职能部门。

把若干相对独立的机构整合为更大的行业实体，甚至跨行业、跨地区的实体，如大公司，则职能部门增长较少或不增长，而下属机构的数目则可能增长较快，其原因在于：在独立机构之上的各层管理比其下的各层管理要松散许多，管理的重点仍处在相对独立的机构之内。因此，愈是高层，愈易于滋生人浮于事的现象。另一方面，高层管理机构的存在可以避免或减缓"紧张状态"下的巨大损失（否则人类就不会走向"整合"），例如出现经济危机、社会动乱、竞争失利等情况时，较大的整合实体就具有较强的应变能力。因此，管理机构总是面临着在正常时期精简高层（如裁减开支以及官员），而在非常时期充实高层（如破格任用人才、委派"钦差大臣"）的权衡与调节。

对于创新任务（非常时期）较多而且生产经营复杂多变（也属"非常"）的公司来说，甚至可以制度化地采用有别于"宝塔形"的"矩阵形"机构——按管理职能设置纵向机构，按规划目标（产品、工程项目）设置横向机构。横向的项目办公室（或小组）从各纵向职能部门抽调所需人员，后者接受双重指挥；该项目完成后，被抽调人员仍回职能机构受单向指挥。缺点是在双重指挥期间可能出现指挥不一，被指挥者无所适从，且结果中的差错不易分清责任。

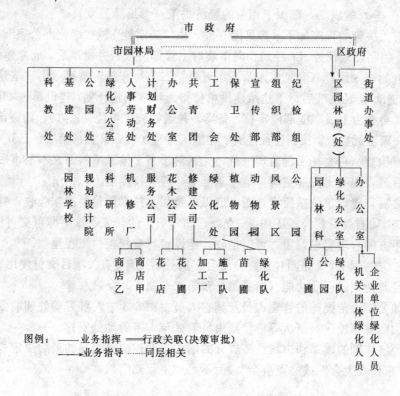

图 5-3　大城市园林系统机构示意

图 5-3 是一个可供参考的大城市园林系统管理机构。其中"市园林局"是整合性的行业实体，从"科教处"到"纪检组"等 13 个职能机构，为局长或局党委提供辅助，而从"园林学校"到"公园"等 12 个单位，是相对独立的机构，其中只示出了 3 个公司和绿化处的各二个次低层机构（一般说来为 3～6 个）。对于绿化处和修建公司来说，图 5-3 中没有示出最低层管理建制（班组），但是对服务公司及花木公司来说，"商店甲"、"商店乙"及"花店"都可能不具备更低层的班组建制。这是服务单位（第三产业）与工业单位（第二产业）在管理机构（组织）方面的区别。

农业（第一产业）与第二、三产业的差别在于：最低层管理单位常是家庭，一般不存在次低层管理单位（合作社及人民公社等时期例外），农户的管理常由相对独立的机构（如村长及其助理）直接进行。管理建制是"斗笠形"。其原因在于农业中的专职分工较少，工艺流程受环境约束（参见第一章第一节图 1-1）而相对简单和松散，集约化程度较小。

与此相反，服务业则受需求牵引（参见第一章第一节图 1-1）而趋于较多的变化，基层单位不宜过大；又由于专职分化出现在较高的层次，所以常常出现"纺锤形"管理建制，即高层、基层人数相对较少，而辅助性的职能部门的人数相对较多。

在园林建设中，图 5-3 中的"修建公司"和"绿化处"通常都是"乙方"或"施工企业"；而"绿化办公室"或"公园处"等则是"甲方"或"建设单位"。施工企业完成的有效生产量（基本建设工程）全部移交给建设单位，同时向建设单位收取工程费用。任何一个建设项目（如"植物园"、"动物园"、"风景区"、"公园"、"机关团体"、"企业单位"、"苗圃"、"商店"等）的成立，都源于相关的经济决策（参见第三章）。

在我国，有关决策的程序如下（参见图 5-3），由"公园处"或"绿化办公室"在调查、论证的基础上，编制计划任务书；经局长向市政府主管部门报告并批准后，成立建设项目。以此为依据而开始规划设计（参见第四章及第五章第二节）和投资概算（由"基建处"及"计划财务处"辅助），经批准后再下达给建设单位作为年度基建计划。建设单位（甲方）编制工程项目表，再次由上级职能部门审核、备案，并通知施工单位（乙方）、物资部门、建设银行。常规决策至此完成。反馈阶段还有：在施工过程（参见第五章第二、三节）中，甲方有权进行监督检查（可委托工程监理进行，尤其对于易于偷工减料而又不易事后检验的项目，如水泥标号，混凝土内部空洞，地下基础等，应有检测能力）。

工程竣工之后，建设单位按照设计图、施工图及相关技术质量要求来验收；并向施工单位索取技术档案、有关资料及竣工图纸；在办理固定资产的转帐手续后即可交付使用。若乙方不能满足甲方的合理要求，甲方可以拒收，建设银行有权拒付工程尾款。

甲方既是乙方的顾主，又是园林建设分工合作的最后一环。有关项目交付使用之后，就开始了以园林经营为主的行业功能（参见第一章第二节图 1-2 及第六章）。

新建单位如公园、苗圃等的管理人员及其它人员由图 5-3 中人事劳动处辅助公园处或绿化办安排；而园林学校、科研所等单位则由科教处与人事劳动处安排。

随着我国经济体制的改革和市场经济成分的增大，上述决策程序的最后决定权可能是"投资人"、"股东代表大会"或"董事会"，而不是"主管部门"。

# 第六章 物质金钱管理与园林经营

## 第一节 经营：减少无效消耗量——物与钱的周转和盈亏

经营是为了减少无效消耗而进行的各种防御灾害破坏和促进物质金钱流通的程序行为，如安全、商业、财务、服务等。

生产出来的产品或施工完成的建设往往要通过公共分配系统或市场分配系统（参见第四章第三节）才能用来满足社会成员或集团的福利需要（参见第一章第一节"经济"概念）。与分配系统中相关的行业是"第三产业"的重要组成部分，即兼跨"技术行为"与"文化行为"或兼跨"技术行为"与"生理行为"（参见第一章第一节图1-1）的部分。

这种不只面向物质、能量、信息（参见第一章第一节"技术"概念），而且面向"人"的经济活动，常被称为"经营"。经营是以减少无效消耗量为目的的程序行为，也就是说，经营活动的主要目的，已经不是积累有效生产量（$Y$），而是减少无效消耗量（$X$，参见第一章第二节公式（1-6））——使得产品或建设能够"应用"或"运转"。而"应用"的媒介或"运转"的润滑剂往往是货币或金钱（参见第四章第五节）。

有些中文书刊把"经营"说成是企业为实现其预期目标所开展的一切经济活动，等同于"经济行为"，从而包括了生产和建设。这样，就与我国经济生活中实际应用的"经营"一词的含义不符。我们说"由生产型单位向生产经营型单位转化"，而不说"由生产型单位向经营型单位转化"。其原因在于英语文献中的某些术语并不是与汉语"一一对应"的。在西方经济生活中不大需要把企业分成"生产型"和"生产经营型"，而我国又不大需要把"管理"分成智谋型、导控型和行政型。因此，汉语中的"经营"并不等于 manage 或 govern，"管理"也不等于 administer。事实上，除了涉及二者差别的场合，中文书刊都往往把 management 译成"管理"，而非"经营"。经济行为是受到一定的自然和社会环境制约的人类行为，参见第一章第一节图1-1。我国受资源约束较紧，不可能以强烈的分工来开发利用资源，因此，不可处处套用西方经济在资源约束较松的环境中形成的术语。尤其不宜生吞活剥，否则，就可能导致"自己都说不明白，却要说服别人明白"的现象。

"安全"行为包括两方面：一是防护自然灾害，二是防护人为破坏。仓储、防雷、防虫、防鼠、活物的养护（参见第五章第二节）、基础设施的维修保养、环境卫生的清理等，属于前者，以技术行为为主。防人为失火、防爆炸、防偷盗抢劫等，属于后者，以文化行为为主。严格说来，"偷盗抢劫"不是真正的"无效消耗"——有关产品满足了窃贼抢匪的福利需要，他们也是社会成员的一类。但是，从"文化行为"（参见第一章第一节）的角度来看，偷盗抢劫等社会行为无论在哪一个文化圈中都是遭到排斥的（因为"占有器具"或"化物为奴"是早于其它文化行为的原初行为），因此也属防范对象。不过，在统计中，这一部分产品不是计入"无效消耗量"，而是计入"游离覆盖度"，其效果是减小"保障比积"。（参见第一章第二节：无效消耗增大，则 $G_0$ 减小；对 $B$ 的效果与 $R_0$ 增大是同效的）。

"商业"行为也包括两方面：采购推销和包装运输。这是物质（含能源信息源）管理的重要内容——作为"商品"形态的产品、物资、设备等物质的管理。物质管理是物资管理、产品管理、设备管理、活物管理和基础设施管理的通称。其中，物资是原材料和燃料［参见第一章第二节公式（1-4）的 $L（A）$］以及未交付使用的工具设备及活物，设备是除去随身工具之外的各种工具（手工器械、动力机器、仪器、电脑，参见第一章第二节公式（1-4）中的 $W$），活物指生长或衰败中的植物及非人类动物——对农林牧渔猎业来说，它们是有待开发或有待成熟的"资源"；对园林业来说，它们常是已被开发的"产品"——人类借靠它们来改善居住环境和休憩环境（参见第一章第一节"园林"概念）。基础设施是除去活物之外的园林建设，如建筑、管道、电力线等。产品则是各种终端消费品以及提供给社会（包括本单位）的物资。广义的产品还包括基本建设和各种服务。在园林生产与施工的过程中，也存在物质管理问题（参见第五章第一、第二节）。但由于物质管理在园林经营中所占的比重更大，所以合并在本章中一起讲述。对于财务管理，也是这样处理。（反过来，在经营活动中也存在质量管理和数量管理，如提高服务质量，完成销售额，提高设备利用率，提高资金周转率，等等。）

"财务"行为包括理财、聚财和保险三个方面。理财包括预算、收入、支出、决算、监督。聚财包括生产经营的赢利、征收、募捐、储蓄、发行债券股票货币，以及非法的聚财方式。保险包括投保和理赔。

通常所说的"财务管理"常兼含商业行为的管理，对某些部门来说，还包括"会计"行为。其实，"会计"是根据凭证对财金事务进行全面的复式记录以便核查（财务会计），往往不止于经营活动及钱财记录，还包括生产、施工等活动的记录及统计分析（管理会计）。"会计"行为的目的是提供基础数据、建立起数据档案并利用有关数据来改善管理。它作为"管理"的辅助，在层次上略高于安全、商业、财务。但是，由于某些机构的记录主要是财务记录，所以有可能把"财务会计"合并成一个子机构。（第五章第四节图 5-3 中甚至把"计划财务"合并为一个"处"。）

经营活动之所以要促进"物"与"钱"的周转，是因为一切搁置的"物"都会自然消耗；而一切搁置的"钱"也会逐步被贬为"废纸"或递减为微不足道的"心理安慰"——对于发展中的市场竞争系统来说，适度的通货膨胀是与产业升级相伴的正常现象，搁置的金钱必然逐渐贬值。

"服务"行为就是为了促进物与钱的周转而发展起来的——它与安全、商业、财务行为之间有不少重合，却又有所不同——它所提供的各种"服务"(service) 常常是以信息成份为主（有利于物与钱的周转，甚至是"刺激需求"），与物质形态的"商品"(goods) 和金钱都有所不同。服务行为包括面向法人（企业）、面向个人和兼营三个方面。企业服务包括管理咨询（如法律法规、管理模式、市场预测等）、会计审计、建筑及设备租赁、汽车服务、广告、公共关系、商品检验等。个人服务包括医疗保健、美容殡葬、教育培训、家庭服务、旅游消遣、宗教信仰、心理咨询等。兼营服务包括数据处理、法律代理、职业介绍、安全保卫等。（从 1984 年起，美国劳工统计把原属于农业的林业和渔业也作为服务业，因为森林和水生环境已更多地与人们的休娱消遣相关，较少相关于提供商品。）

## 第二节　物资管理：计划、采购、储备、取用
## 　　　　产品管理：贮存、包装、定价、流通、售后服务和反馈

在制定园林建设计划（参见第五章第二、第四节）的时期，以及在进行年度预算（参见第六章第六节）时都要制定物资计划，相应地列出品种、数量、规格、到货期等项目。计划草出之后，应了解统一分配及市场上对有关物资的供应情况，制定采购计划（可纳入网络图，参见第五章第三节图5-1）。对于十分紧缺的物资，除增强采购力量之外，还要考虑替代物资（参见第五章第三节）。总之，应保证"兵马未动，粮草先行"。

物资采购可采用定点协作供应、物资运输部门合同供应、市场供应等方式。在计划经济体制中，协作供应与合同供应适于大宗大量物资和计划分配的物资，并受国家统一计划的指导。市场供应则常用于小额物资。随着我国经济体制的改革和市场经济成分的增加，这种情况正在发生变化。

定点协作的优点是产需直接见面，减少中间环节，降低流通费用和无效消耗。这种协作的进一步发展往往形成联合公司或生产经营兼有的经济集团。但是，它受到终端产品或服务的制约，而且不易灵活转轨。

计划分配的物资有三类：国家统一分配（统配物资或一类物资）、中央各部分配（部管物资或二类物资）、地方平衡分配，它们受较高层经济决策（参见第三章）的影响最大，同时也是各小单位的"公关人员"的用武之地（参见第二章第七节）。

市场分配（非计划分配）的物资在"资源约束"型的经济系统（参见第五章第三节）中，常常出现"卖方市场"，"供不应求"等情况，采购人员不但要有公关本领，而且要信息灵通。

物资储备（仓库）管理包括制定储备定额和保证定额储备两方面，并通过仓库管理来与其它管理环节（如预算、财务、取用）相衔接。

储备定额可分为经常性、季节性、保险性三类。经常储备定额等于每日平均需要量与进料间隔日数之积。如果物资准备日数（如播种前处理种子的日数，又如加工木材前干燥木材的日数等）大于进料间隔日数，那么储备定额就应该是每日平均需要量与物资准备日数之积。进料间隔日数是相邻两批物资入库时间的间隔日数。由于它受采购环节（见上段）的影响，通常不是常数，所以经常储备定额往往取得较大，即把间隔日数估算过高。季节性储备定额等于每日平均需要量与季节性储备日数之积。季节性储备日数是因季节变化而导致供应中断的日数，往往要参照历史记载和往年经验来确定。保险储备定额等于正常储备定额与保险系数之积。保险系数根据往年到货误期平均日数及自然损耗率来确定。正常储备定额与保险储备定额之和就是仓库的最高储备量。在正常情况下，随着物资取用，最高储备量从进货日开始下降，直到下一次进货的前一日，达到最低储备量，即保险定额。

保证定额储备，就是要把库存物资控制在最高储备与最低储备之间，防止超储积压和停工待料。在资源约束型经济中，许多企业常认为超储积压总比停工待料好，其实应该通过成本利润分析（参见第四章第五节）来进行权衡。至于从整个经济系统来看，库存积压所导致的无效消耗甚至可能成为制约整个经济发展的因素（参见上节及第一章第二节）。因此，如何运用知识和信息来克服资源约束型经济的弱点，就是个十分重要的问题（参见第

七章)。

除了定额合理之外,仓库本身的管理也对保证定额储备具有重要贡献。仓库管理包括验收入库、登帐立卡、定位摆放、防变质失窃、定期清仓盘点等项。验收时要核查采购手续(是否按计划)及单据(是否合法流通)、核查物资数量及质量(是否与计划及单据相符)。登帐立卡及定位摆放通常采用"分类分区",即不同的品种、规格不相混淆,号码不相穿插,以保证帐、卡、位、物相符。物资验收入帐之后,财务才能核付销兑料款。防止物资变质是技术问题,常需制定相应规程(参见第五章第二节);而防止失窃则涉及社会问题,既有赖于相应法规,又有赖于"公共关系"及管理人员的积极性(内部公关)(参见第五章第二节)。清仓盘点有经常性的自查和物资、财务、仓库联合检查两类,目的则是相同的:分析盘盈盘亏的原因,追究责任、堵塞漏洞;及时发现多余物资,尽量加以利用,减少无效消耗。

物资取用管理从仓库来看,包括核对计划消耗定额、填写领料单据(一式 2~4 份,料务、财务、用者等各持 1 份)、相关人员签章、凭单发料、登记入帐、退料另填红字单据、鼓励修旧利废及节约使用、检查并控制私设"小仓库"等项。

这主要是从"取"的方面进行管理。从"用"的方面来看,常需专设材料工具保管员,明确各级签章人员。保管员的职责类似于仓库管理员,但在手续上可松可紧,行为上可正可歪,涉及到人事关系及其它文化行为(参见第一章第一节图 1-1)。一般只能通过"内行"(心中有数)和"对比"(时空参照)来进行约束,同时要求保管员做好日常、季末、年末的记帐、算帐、汇总等项工作,定期清理节余物资、分析超额原因。取用管理的一头一尾是"数量管理"(参见第五章第三节)。"头"是计划的物资消耗定额,"尾"是仓库管理员以及班组长心中有数。后者之"数"与定额的差异在于:消耗定额是根据统计分析实际操作数据,或仅根据时空参照(以往经验、其它同类单位的消耗,参见第三章第五节)来制定;而每一个班组在特定的时空条件下都有其特定的环境和消耗量。定额只是大框框,基层管理才是"真刀真枪"(参见第五章第三节)。日本企业的优势往往就在于上下一心,协调共进。

产品贮存与物资储备一样,需要有数量控制和仓库(贮运站)管理。一般说来,经常性贮存额度应等于每日平均出库量与平均出库间隔日数之积。在计划经济中,这往往是个不大的常数,甚至为零——生产多少,调出多少,然后由商业部门负责储存包装运输(参见第六章第一节)。但在市场竞争系统中,则必须通过比较准确的市场调查和预测,以及通过与对手竞争,提高自身的经营水平和公关能力,才能把贮存产品控制在较少的数量水平。贮存越少,积压所造成的无效消耗量(参见第一章第二节公式(1-6))越少,实现效益量越高,产出实现率(即 $S/Y$,参见第一章第二节公式(1-6))也越高。但是,由于人类需求受到各种消费心理的影响(参见第二章第四节),对于某些特定产品来说,有可能在较多的消耗(较长时间库存)之后再投入市场而使得金钱上的盈利较大(成本利润率较高,参见第四章第一节),即所谓"囤积居奇"效益。这往往要求生产者具有较长远的经营眼光,掌握宏观需求格局和市场信息动态,以制定合理有效的贮存额度。

产成品库或贮运站的管理与上节所述仓库管理的区别在于"防变质"一项是与生产环节紧密配合的——贮存中发现的问题往往要反馈到生产工艺之中来解决,例如木材的防腐,松香、生漆、桐油茶油的包装,等等。其中,包装在市场竞争系统中已不只是为了防变质、防损坏，同时还为了便于运输、销售和消费。尤其是果品、菌品（木耳、蘑菇等）、蜂蜜等产品，包装设计对于提高产品的竞争能力常有重要影响。商标名称及设计，以及按照国际惯例采用条形码（便于微机售货系统进行识别）等项，也有助于产品打开市场。内地某些大宗产品曾被港澳台及国外商人改为小包装而从滞销变为畅销，说明产品不只需要物质质量（参见第五章第二节），而且需要文化质量（参见第一章第一节图1-1），才能满足社会成员或集团的福利需要（参见第一章第一节"经济"概念）。

产品价格的确定对于计划经济来说，主要是通过总体平衡和决策目标（参见第三章第二节）的选择来确定有关产品在整个经济系统中的相应比重或份额。对于市场竞争系统来说，产品价格一般由均衡价格（参见第二章第四节）来调节。同时，经营者为了进入市场还常常采用一定的定价策略。例如，采用低于平均水平的"渗透价格"，待产品在市场上站稳之后，再逐渐提高价格。又如，一开始就把价格定得较高（"顶撇 skim 价格"），如果高消费者的购买总额太少，再逐渐削减价格。新推出的高新产品可以采用这种策略（赚取创新或风险利润，参见第二章第四节）。

产品流通管理以商业行为为主，除商业部门之外，生产经营型单位也要密切注意市场信号，利用广告和其它合法的公关方式促进产品流通。最后，产品管理还应包括售后服务和信息反馈，减少无效消耗。

## 第三节　设备管理：安装调试、高效可靠、保养维修、折旧报废、更新换代

设备安装既可能在基本建设阶段完成，也可能在生产经营时期的新增与更换中进行。安装质量的管理与一般生产施工的质量管理没有什么不同，即包括制定规程、执行规程、检查执行情况、纠正违规或修改规程等一级环节（参见第五章第二节）。不同之处在于：安装质量的标准除了静态的数量标准之外，还有动态的运行状况——通常要通过调试来检测。设备调试应由称职的技术人员进行，除了与安装质量相关的水平度、震动性等之外，还要检测设备说明书上载明的各项功能是否达到要求。尤其对于一些较复杂的高功能设备，如果调试水平不足，就可能在低功能状况下运行（操作者根本不知道有关设备具备较高功能），形成"小用"无效消耗量（参见第一章第二节公式(1-6)）。这样就浪费了设备潜力，降低了时空符合度（参见第一章第二节公式(1-4)），也降低了购买有关设备所用较高资金的经济效益。

设备高效运行的管理基于合格的安装与调试，同时相关于"物资计划"（参见上节）和经营水平。如果在制定计划时无视经营特点，盲目追求大型设备和先进设备，那么无论经营水平如何，都不可能使设备高效运行，不可避免地出现"高射炮打苍蝇"式的浪费（"小用"无效消耗）。经营水平对设备高效运行的作用在于：尽量促成满额运行，减少低额运行和闲置，从而减少"小用"无效消耗（参见第六章第一节）。满额运行俗称让设备"吃得饱"，这就要求设备拥有足够的生产任务和服务对象，也就是受到需求牵引（参见第一章第一节图1-1）。如果经营不当，业务太少，就往往会出现低效运行或闲置。设备利用程度的指标是设备能力利用率（实际利用与利用能力之比）和标准产量实现率（实际产量与设备可达到的产量之比）。每台设备的利用能力是设备在满额运行的情况下一年内按正常

工作日计算可达到的功能及相应数额。

　　设备可靠运行的管理也基于安装调试质量，同时要杜绝超载运行、预测检验隐患、总结事故教训。尤其涉及高空、水中、电击等人身安全的设备，绝对不能见利忘义，仅仅因为"生意兴隆"就超负荷超时间运行。预测检验隐患除根据环境变化（如气温过高、湿度过大等）进行之外，还可根据设备运行状态变化的数据，利用概率统计或随机过程等数学模拟来加以分析论证和检测。可靠性管理的这一领域尚处于新兴阶段，有待开发。总结事故教训并进行统计分析，制定相应的安全规程，在目前仍是可靠性管理的主要内容——"亡羊补牢，未为迟也"。人类的进步常常是以一定的代价来换取的，只有"重蹈复辙"才是真正可悲的，当然也是不经济的——不但增大设备的无效消耗量，而且可能危害人类自身，从而违背了发展经济的目的（参见第一章第一节"经济"概念）。

　　设备保养维修的管理包括环境调节、合理操作、清扫润滑、定期检修以及及时排除故障。除了设备说明书特殊指明的设备工作环境之外，大多数设备还都不宜在过热、过湿及尘垢环境中运行；如遇这类环境，应设法通风降温，除尘扫垢。合理操作即不宜使设备超越说明书的指定范围运行，对于贵重设备，应制定操作规程（参见第五章第二节）。清扫设备和润滑加油应成为日常规范。定期检修则根据设备使用频度和损耗经验记录来进行——无论有关设备运行是否正常，到期都应进行检修，以便排除隐患。对于某些并不贵重且不会危及人身安全的设备，也可延期检修或不检修。其前提是设备本身的可能损失小于停工检修所引起的经济损失。由于园林经营的季节性较强，有的专用机具在忙时不必安排检修，但在闲置之前应该检修保养。设备故障则应及时排除，否则设备就处于无效消耗状态。设备保养维修的管理指标是设备完好率（完好设备台数与实有设备台数之比）和设备运用率（设备实际运行时间与设备按正常工作日计算的可运行时间之比）。排除故障及定期检修常由专职维修人员进行，但随着管理水平提高，操作人员也应具备相应常识。正如一个司机学习修汽车，不但可及时排除较小的故障，也对于合理操作大有裨益。较大设备的维修可按"大修——小修——小修——中修——小修——小修——大修"的周期进行。

　　设备折旧报废的管理与更新换代的管理是相辅相成的。设备在运行中不断磨损、变形、腐蚀、结垢、老化，逐渐丧失功能；有关设备的利用能力与可达到的产量（参见上文）都会降低，如果不作折旧，那么"设备完好率"、"运用率"（见上段）就会与"设备能力利用率"及"标准产量实现率"（见上文）出现矛盾，只有适当折旧，才能正确了解已有设备的能力，安排更新措施，从而保证以一定的质量和数量完成有效生产量（参见第五章）。例如，如果一台设备的年折旧率是5%，那么用过一年之后，就只能按照0.95台设备来计算其标准产量实现率。用过20年之后，就结束其使用。当设备寿命结束后，应予以报废，重新购置所需设备。而设备寿命的估算则与物资管理直接相关（参见第六章第二节）。在"资源约束"型经济中常以设备的"物质寿命"作为指标，即有关设备的利用能力为零且无法修复时，才予以报废。其原因在于设备一旦报废，就脱离了正常管理；由于存在需求，有关设备可能被用来非法赢利、以次充好、扰乱市场，从而损害经济秩序，如地下废旧汽车市场等。在"需求不足"型经济中，多以设备的"赢利寿命"（常被称为"经济寿命"）作为指标，即有关设备的检修费用的投资效益（参见第四章第五节）小于购买新设备的投资效益时，就予以报废。其原因在于人们受"最大利润准则"支配，宁可浪费资源，不愿减少金钱收益。在"信息保障"型经济（参见第一章第二节公式（1-7）及第三章第三节）中，则应以设备的"系统寿命"（常被称为"技术寿命"）为指标，即有关设备落后于新技术发展而导致浪费资源或污染环境时，予以报废。重新延续"物质寿命"或"赢利寿命"，称之为"更新"；获取新的"系统寿命"，称之为"换代"。设备更新又分为"修旧利废"和"购置新的固定资产"两类（在计划经济中，前者决策易而后者决策难，因为修理费用可以报销，而购置费用则需重新立项，参见第五章第四节）。设备换代也可分为"技术改造"与"汰旧用新"两类（在计划经济中，前者较易而后者较难）。

## 第四节 活物管理：生态、代谢、繁殖、驯化、修剪、改良、更新、防止人为损害

活物管理是园林经营与其它产品或服务的经营所不同的方面，常称为"养护"。"养"与"护"分别涉及技术行为和文化行为两个方面，相应的管理程序涉及"规程"（参见第五章第二节）和"法规"。其中，水、肥、草、虫等管理规程是为了保证植物的生态条件、新陈代谢；对于动物来说，则还有饮食、活动、卫生、医疗等。一般说来，园林经营中的动物还有繁殖和驯化等技术行为需要由专业人员管理。植物如花卉、树木等可以在花圃苗圃中引种、繁殖，动物却往往难以专设生产单位，只能由经营部门如动物园、森林公园等一并进行。其原因在于，除了猫、狗、金鱼等宠物的经济需求有可能使有关的生产行业相对独立之外（参见第二章），其它的非畜牧业动物，都还只能作为稀有资源饲养并繁殖于动物园中。动物园的数目远远少于其它园林，拥有较多种类动物的动物园至今为止还仅见于较大城市。

园林植物的修剪、改良、更新等既涉及技术行为，又涉及文化行为——有关审美方面的文化行为。对于技术方面的管理，程序性较强。但对于文化方面的追求，则程序性较弱，并且与不同文化圈相关——西欧北美往往注重显示人类改造自然的能力，以强度的修剪加工为美；中华往往注重人类与自然的协调，以不饰雕琢为美。应该指出，这二者不是互斥的，而是可以互补的。管理者应该扩大自身的审美情趣和范围。

在"更新"管理方面，合理"存旧"是园林经营中最为特殊的内容。人类文化行为的动因之一是"刺探隐秘"（参见第二章第四节图2-1及第五章第一节），而愈是古旧的活物，愈具有揭示时间隐秘的功能。活文物的价值甚至比死文物还要大，有的公园甚至可以仅因其千年古木而名扬天下。因此，园林经营不仅要对古树名木进行"特护"（特殊养护），而且要诉诸现代科研，采取复壮措施。除此之外，目光远大的经营者还应该有意识地筛选可能长寿的植物加以特护及保存——随着岁月的推移，它们之中就可能产生"传园之宝"。

防止人为损害动植物的管理可分为"疏导"与"阻禁"。用导游图、指路标、斜向穿插小路等疏导措施可有效减少游人"找路"或"抄近路"等"最小耗能"行为造成的活物损害。设置公安机构或巡查人员则是对有意破坏活物者的阻禁以及对无意破坏者的示警。除了直接损害活物的行为应该防止之外，还应防止间接损害活物的行为，例如破坏环境卫生、排放有害气体及污水、污物等。对人的阻禁是有相当对抗性的社会行为（参见第一章第一节图1-1），往往需要制定相应法规（参见第五章第二节）。

## 第五节 基础设施管理：清洁卫生、制止随意刻涂、维修设施、防范违章建筑

一般说来，基础设施（建筑、道路、椅凳、管道、电力线等）都是比较牢固、经久耐用的"产品"（"有效生产量"），无须纳入日常管理范围。但是，园林中基础设施的使用频繁程度较大，使用者又是被服务的对象，对有关设施要求较高却并不一定去加以爱惜，因此，往往需要经营者加以适当管理。

保持清洁卫生包括清扫各处杂物垃圾、打扫消毒厕所、清除水面污物等。通常专设班组，并实行分片包干：定人、定地段、定要求（指标）。必要时经上级统一规定有关"随地吐痰罚款"、"随地大小便罚款"、"禁止吸烟"、"禁止乱扔乱堆杂物"等条款，同时设立"果皮箱"、"吸烟角"等加以疏导。

制止随意刻涂是园林设施管理中十分特异的内容。人类在获得闲暇而去园林休憩时，最易产生"超越自我"的需求（参见第二章第四节图2-2和第五章第一节），而对不少人来说，把自己的大名刻在赏心悦目之所，仿佛就具有超越时空的意义。至于题诗作画，乱写乱涂，也使人抒展闲情雅致。因此，园林中不妨专设某些区域及设施，供游人尽其游兴；同时制止游人在其它区域随意刻涂，以保持基础设施的完整和整个园容的整洁。

设施维修应及时进行，"一针及时省九针"。无论是道路房屋、碑匾亭台、楼阁池桥、山石湖岸、供水排水、供电供暖还是露天桌椅等，及时维修不仅可以减少无效消耗量，而且可以减少坍塌毁坏。保持园容，也就是保证园林服务的质量（参见第五章第一、第二节）。其中，具有文物价值的古旧设施，常需专业化的施工维修队伍进行维修。为了保持原貌，甚至要利用现代新工艺重现古代旧面貌。在维修施工期间，如果仍然向游人开放其它园林设施，那么还需对施工中的材料运输及堆放以及操作现场划定区域、加以隔离；必要时夜间运输。施工准备及调度（参见第五章第三节）应仔细筹谋，一旦开工则连续进行，决不拖延工期。

防范违章建筑主要是针对商业性服务站、棚，同时包括流动性商业车辆。尤其对于绿面时间比（参见第一章第二节公式（1-1））本来就比较小的园林，如果"见利忘义"，把有限的空间租让给商业摊点，就违背了园林经营的宗旨。

## 第六节 财务管理：预算、收入、支出、决算、监督
### （金融保险及会计常识）

财务是关于货币或金钱的事务，在早期人类的群内调济系统（参见第二章第一节）中，只有物质管理（参见第六章第一节），没有财务管理（参见第四章第五节）。在同域分层系统中，财务管理所占的比例较小。但是在异域整合系统中，财务管理的重要性大大增加。尤其在市场竞争系统中，财务管理几乎成了调节经济活力与经济秩序的唯一杠杆。（参见第四章第五节）

财务管理可分国家、地区或部门、基层单位、家庭或个人等四个层次，其中，收支管理分为预算、支出、收入、决算、监督等五项内容。正式组织的预算一般要由上级机构

(参见第五章第四节图 5-3)审批,国家预算在现代多由人代会或议会审批。

预算是相对独立的经济实体对于未来年度(或若干年)的收入和支出所列出的尽可能完整、准确的数据构成。以私有制为主的国家预算中,来自分配、消费子系统中的税收是主要的收入构成,而来自生产子系统(参见第四章第三节)的收入较少。以公有制为主的国家预算中,来自生产子系统中国营企业上交利润的收入占有较大比重,对于集体及个体经济的税收也不以分配(流通)或消费子系统为主,而是含有生产利润分成的成分。在所有权与经营权分离的情况下,收入构成往往兼有上述二种所有权的特征。

支出构成对各国来说大致相似,包括议会(人代会)、行政、司法、国防、外交、科学文教卫生、社会福利保险、国家经营的交通运输、环境、住房及其它项目如偿还国债的利息等等。某些国家还包括执政党的费用,我国同时包括民主党派社团的费用。

此外,国家掌握造币特权,可从货币流通中获取收入。对于发展中国家,则可能从国际硬通货币的流通中超额支出,常需实施比发达国家更严格的外币管理。

地区或部门的预算收入与国家类似(国营企业需相应改为地方企业,国家税收需相应改为地方税收等),但在预算支出方面,通常不含国防、外交等大项支出。基层单位的预算收入对于企业单位来说主要是借贷、自身盈利及股票集资,而对事业、行政单位来说主要是国家或地区拨款以及社会性赞助与集资。园林单位常介于企业单位与事业单位之间(参见第一章第三节及第二章)。基层单位的预算支出主要有工资、物资、管理费用等。支出与收入可用来评价有关单位的资金财务效益(参见第四章第五节)。

对于没有经常性收入的园林单位,如行道树养护单位等,预算管理是全额式的,即所需预算支出全部由上级主管部门(如市园林局,参见第五章第四节图 5-3)中的相应预算拨款,所取得的各种收入全部上缴。

对于有经常性业务收入的单位,如公园等,预算管理是差额式的。即单位预算中的一部分支出由自己的收入来支付,大于收入的支出部分由上级预算拨款来支付,而大于支出的收入部分上缴,作为上级预算的收入。

对于苗圃、花圃、公园内部的餐厅、照相部、花木商店等,其产品或服务受需求影响而周转较快,盈亏幅度也受经营水平而起伏较大,所以可实行企业化预算管理,即预算收入全部来自单位自身的收入、集资或贷款,不含上级财政的预算拨款;同时,预算支出(包括上缴利润或/和税收)由预算收入来支付。

由于园林业是比较新兴的行业(参见第二章第二及第三节),编制预算的依据有待积累。下面是可供参考的养护支出项目:人员工资及福利补贴、环卫费、树苗充实补种费、除虫费、肥料费、水电费、树桩费、花卉费、维修费、工具材料费、其它费用(包括防台风、火灾等不定灾害的费用)。将这些项目按劳动定额及物资消耗定额等加以汇总,可制定"经常养护支出定额"。如上海市 1984 年定额如下:街道绿地:一级每亩 762 元,二级每亩 508 元,三级每亩 304.80 元,林带每亩 254 元;行道树:胸径 25 厘米以上悬铃木(大树)每株 8.80 元,胸径 25~15 厘米悬铃木(中树)每株 5.70 元,胸径小于 15 厘米悬铃木(小树)每株 3.50 元,其它树种不分大小每株 2.93 元。预算愈细,愈能准确评价资金财务效益(参见第四章第五节),也有可能开源节流。例如上述树苗充实补种费之中,树苗价格由立木价格、起苗运输销售价格、相应比例的税收价格等组成。如果立木价格很高,那么自办苗圃往往是一种有效的节流措施;相反,如果起运价格很高,那么自派人员与车辆去起运树苗更能节流。

收入管理就是由财务职能机构（处、室等）核准、纳入、记录每一项收入，并加以汇总。其中，上级拨款、折旧提成、发行股票及借贷收入具有较严格的审批程序及拨付途径和手续，因此，收入管理的重点是在经营过程中所获得的收入，即出售产品和提供服务所获得的收入。这些收入来自各种顾客个人或社会团体（法人），也可能来自政府的消费活动（参见第二章第四节图 2-2）。如果管理不善，就可能因为多收或漏收而影响物与钱的周转——多收影响信誉，减少了顾客，漏收则减少本单位收入（参见第六章第一节）；管理不善还可能造成财务漏洞，为贪污盗窃者提供获取非法收入的机会，其结果是扰乱正常经济秩序，提高游离覆盖度，从而降低保障比积（参见第一章第二节公式 (1-7)）。

收入管理的主要措施是对每一项收入都建立相关的票、据、凭证，售票及开出凭据的人员接纳货币金钱，交出产品或提供服务的人员核收等值票据，二者在财务部门汇总核对。如果出现金钱与票据不等值的情况，就要追查原因，堵塞漏洞。票据本身应连续编号，不得伪造，不许涂改。主管部门和监查部门还应经常抽查核对，鼓励公民对于财务漏洞进行检举揭发。用一句不好听的话来说：为了减少财务漏洞，就必须把每个"与钱打交道"的工作人员都当成"小人"甚至"恶人"来管——如果只是"防君子不防小人"，那就用不着财务制度了。

园林收入的项目主要是：门票、游艺服务（如游戏机、摄影、录像等）、花卉苗木等产品、罚款（票据不回收，需另行核查）、提供场地、专项旅游、饮食商业等。由于收入管理人员常与"开辟财源"相关，业务往来较多，因此对于增加收入的项目开发常能提供具有建设性的建议，以供决策者参考。然而，由于"经济"决不等于"财务"（参见第一章第一节"经济"概念及上文"财务"概念），决策者不宜仅从"财务"的角度来进行决策。例如利用公园水面养鱼，虽可增加生产收入；但是如果降低了绿面时间比或降低类别面积复合比（参见第一章第三节公式 (1-1) 及 (1-3)），就影响了公园为园林需求（参见第二章第二及第三节）提供服务的质量（参见第五章第一节）。

支出管理是由财务职能机构（处、室等）核准、付出、记录每一项支出，并加以汇总。其中，除在编人员的工资及统一规定的补贴是相对稳定的支出项目之外，大多数支出都需要逐项核准其财务依据（预算、计划、专用等），以及有关的费用开支标准（开支范围及额度），核准其财务手续（票据、签章）及数额。

支出管理不善与收入管理不善的后果相同——过多及过少的支出影响物与钱的周转，还可能为吃里扒外、贪污盗窃造成可乘之机（参见上文）。支出管理的主要措施也与收入管理相似，即每一项都要有收款人签章，除稳定日常性支出如工资外，还要有票据等凭证，有主管人签章和付款人签章。支出汇总后要与财务依据相符，否则就要追查原因、堵塞漏洞。对于伪造、涂改票据等行为应有约制措施（如定期或不定期检查，见下文）。

支出管理人员应该熟记重要的费用开支标准，正如法官和律师应该熟记重要的法律条款。此外，还应该了解并能及时查找一切有关的费用开支标准，以保证各种支出的合法性。费用开支标准主要分为国家、地区及部门、基层单位三个层次。愈是高层厘定的标准，愈具有较强的法律性规范力。例如国务院关于限制社会集团（机关、团体、部队、企业、事业等法人实体或单位）购买力的费用开支标准，就比某单位自行规定的一次报销现金（非支票）的费用开支标准具有较强的约束性。再如基层单位的预算内的各项开支费用，如基本建设资金、事业拨款、专用拨款、生产或经营周转金等，一般是由上级主管部门批准的，也比单位内部的费用开支标准具有较强的约束性，不可移作其它用途，更不能用于预算外开支。而某些具有特定资金来源和专门用途的专项资金（如从木材、竹材和部分林产品销售环节征收的育林费），也必须专款专用。

支出管理人员有权拒绝支付违反财务规定的资金。由于支出管理人员常与"资金流出"相关，因此对于"节流"（节约开支）常可提供具有建设性的建议。财务主管人员与出纳人员的协调，对于财务管理具有重要性，正如生产、施工的管理人员与操作人员的协调，对于质量管理的重要性一样（参见第五章第二节）。

决算是相对独立的经济实体对于过去年度（或几年）的实际收入和支出所列出的完整、详尽、准确的数据构成。它与该年度（或几年）预算的差异源于实际收支环节出现的各种条件变化以及预算外收支（通常另外制表，附于总表）。决算结果比预算方案具有更强的实践性，一般都成为后续预算的基础构成（时间参照，参见第三章第五节）。

有关经济实体在进行年终收支清理（结清预算拨借款、清理往来款项、清查财产物资）后制定决算表格，其中包括决算收支（资金活动）表、基本数字表、其他附表等三类。

第一类如收支总表、收入明细表、支出明细表、分级分区表、年终资金活动（预算资金的分布和运用结果）表、拨入经费增减情况表等。

第二类是以机构、人员为主要项目列出的开支统计表。第三类是对经济实体内部的不同组分所制成的收支决算表，如卫生支出医疗机构收支决算表，文化支出剧团收支决算表等，用来显示差额预算单位的金额收支结果。

其中，第一类的"总表"内同时列出"预算数"与"决算数"，以利分析比较。第二类常列出年末人数、车船数等以及相应的全年平均数，以显示变化情况。

决算编成后，一般要写出决算说明书，用文字概括表内情况、分析成败得失、总结经验教训、提出改进意见。

介于预算与决算之间的总结、调整、改进方式是季度收支计划，即对上一季度的收支情况逐项核算，及时扬长避短，争取全年平衡。尤其对于受季节影响较强的农林、园林等经济实体来说，这类计划有其必要性。

财务监督是人类社会中最重要的两项以"收集社会行为信息"为业的专职分工之一——对金钱的监督。另一项是"行政监督"——对权力的监督。金钱与权力对于异域整合系统（参见第二章第一节）的重要性使得有关社会对于它们的监督具有了较大的边际效用和需求（参见第一章第三节及第二章第一节）。尤其在市场分配系统中，金钱多少决定了人们对资源的占用。除了纯真的青少年和极少数"谦谦君子"之外，大多数人都不拒绝从各种漏洞中掉落到自己手中的金钱（不违法），还有不少人主动去寻觅漏洞，甚至违法攫取金钱。尤其在推崇金钱而又缺少信仰或"国魂"的社群中，"最小耗能地"非法获取金钱往往成为相当普遍的日常行为。因此，为了维护经济系统的正常秩序，从而满足社会中各成员和集团的福利需要（参见第一章第一节"经济"概念），有必要进行财务监督，堵塞财务漏洞，打击违法谋利，促进货币的正常周转。

由于财务监督对现代经济系统十分重要，往往从不同的两套机构同时进行，即财务职能机构和审计机构（我国已于1983年成立国家审计署），以及股份制企业中的会计部门和监事会（股东会在推选董事会的同时，一般还要推举相对独立于董事会的监事会，监事会最重要的作用就是进行财务监督）。

财务机构上级主管人员除了主持预算、决算及日常管理之外，其重要职责之一就是对下级人员进行财务监督；下级财务管理人员也有权检举揭发上级主管人员的违法违规行为。上述收入管理和支出管理中的各种措施，就是为了便于监督而设，其主要内容就是尽量保证每一笔金钱都有据可依、有人可证、有档可查。其中，"有人可证"不是一人，而是至少二人——他们都要在有关票据上签章。上级对于下属实行日常财务监督的重要方式就是抽查票据，主要是看是否有据可依，是否合乎手续、有无涂改以及有否明显超额或亏缺。为了防止同谋作弊，必要时还需将票据与实物相对照（如清仓查库，参见第六章第二节），以及与实际编制相对照（防止"吃空额"）。

定期财务监督的主要方式就是清点对帐，如清仓，又如年终收支清理（见上文）等等。后者既是决算的准备，又是清查票据并实施监督的重要内容。决算汇总之后，还可从总体的盈亏情况分析原因，发现漏洞（如随意借支、非法挪用、白条抵库、套取现金、私设金库等）。必要时向检查、司法机构申请立案。下级对上级的揭发一般只有通过更高级主管机构或检察、司法机构才能实施有效监督。

审计机构是与财务机构并立的机构（同属行政主管）。审计机构的唯一职能就是进行财务监督或审查，具有独立性、公正性（即俗话所说"旁观者清"）、权威性（类似于通行本《老子》所说"无为而无不为"）。审查内容主要是：审查核算会计资料的正确性和真实性，审查计划和预算的制定与执行，审查经济事项的合理性和合法性，揭露贪污盗窃和投机倒把等各种涉及金钱的违法乱纪行为，检查财务机构内部监控制度的建立和执行情况。其中，"审查经济事项的合理性"不仅对整个经济系统有利，也往往对于被审查单位自身的收支改善有利。

由于审计机构具有公正性和权威性，还可对被审查单位的经济情况和经济事项进行公证。因此，对于"问心无愧"的经济单位来说，应该欢迎审计监督，并尽力与审计人员合作，从而得到后者的帮助。

财务管理的综合性指标是资金利润率（参见第四章第五节）和资金周转率——资金周转次数或资金周转天数。资金周转次数是流动资金在一定时期（年、季、月）内，从货币资金形态开始，通过支出转变为其他形态（物、人、土地、专利等），最后又通过售出产品及提供服务的收入回到货币资金形态的次数。通常以每年销售服务收入总额与资金平均占用额之比来作为周转次数；而以365天除以周转次数作为周转天数。

下面简介常识性的金融与保险知识。

金融与保险是两种差异明显但又具有互补性质的经济行为——金融通常是指把暂时退出流通的货币金钱汇聚融合起来，使之恢复流通性和增殖能力（如发行股票债券及银行贷款等）；保险则是把一部分资金用于购买"风险担保"，从而使得这一部分资金退出流通。因此，金融是为了"发"，保险是为了"稳"；前者促进经济活力，后者维系经济稳定和秩序。

银行除了融资功能之外，还具有安全保存现金和减少现金流通（减少现金计数磨损丢失）的功能。除了中央银行之外，各专业银行的运行资金是存、贷款之间的利润差额——一般说来，存款利率较小，贷款利率较大，因此，银行支付给存款人的利润总数小于从贷款人那里收回的利润总数。如果存、贷款之间的利润差额不足以维持银行运行，银行就面临倒闭。如果人们为了安全去存款，而要贷款的人又较少，银行就可能不向存款人支付利息，甚至要向存款人收取费用。

与此不同，保险公司的运行资金主要来源于投保人交纳的保险费与支付的赔款之间的差额。如果这个差额较大，保险公司还可以有余力进行投资盈利。相反，如果赔款太多，保险公司也可能倒闭。

由于金融保险业是完全"跟钱打交道"的行业，所以在非欧美社会中常常受到较多的"不规范行为"的骚扰。例如由于"三角债务"或其它的赖帐行为使得贷出的款成了"肉包子打狗"——连本金也收不回来；又如，由于不善于把投保人当成"恶人"（甚至"一帮恶人"）来防范而给"骗赔"行为以可乘之机——通过冒名顶替、偷梁换柱、伪造日期、出具假证等各种手法骗取赔款；等等。更不用说内外勾结、吃里扒外、贪污腐败所造成的资金亏损了。除了法制不健全之外，这些行为还与文化制约及资源制约等条件相关。因此，对于发展中国家来说，不可盲目照搬欧美模式。

对园林企事业单位来说，银行存款主要是出于稳定和秩序的需要：一方面银行的安全行为（参见第六章第一节）比一般单位更完善，另一方面银行对收支管理的财务行为也比一般单位更严格——中央银行代表着国家行使财务管理职能，专业银行受到中央银行监督。各单位要根据国家预算支出科目分"款"（如专用基金存款、银行结算户存款、其它存款等）开设存款户或帐户；以及根据资金的不同来源和不同用途，分别向银行申请开设不同的存款户（非国营性质的单位或个人也要经过有关部门如工商部门的批准）。

各级园林单位可根据自身业务量，开设一、二个或若干个帐户，如拨款户（存放在工商银行的园林事业费）、其它存款户（存放预算外存款）；又如专用基金存款户（如更改基金、职工福利基金、包干结余、科技项目等）、经费存款户（各级财政部门的拨款凭证转入受款单位存款户的存款）、基本建设存款户（存放在建设银行和工商银行的基建户）等等。开设帐户时除需要财政及园林主管部门的批准手续外，还要交存款预留印鉴或签名（目前我国主要使用印鉴，其实印鉴比签名更易伪造和较难查破）。

在会计制度向欧美靠拢（"与国际惯例接轨"是指靠拢欧美制度，而不是非洲制度）之后，以上的作法有所变化，即减少硬性的科目划分，给生产经营者更多的回旋余地。同时增大了堵塞财务漏洞的难度——欧美各国经过一二百年"以恶抗恶"的相互"磨合"所形成的财务管理模式，移植后往往"走样儿"。（日本与中国的差别在于：1. 日本在明治维新之前仍处于封建割据的相互抗争时代，没有完成异域整合；2. 日本国民的民族凝聚力较强，从来没有"革"本民族文化的"命"）。

帐户存款与库存现金的重要差异就是，前者主要是通过非现金结算，这样不但可以控制现金发行，同时也减少了现金流通中的风险损失和繁琐计数——只须将有关数额记录在支票（现金、转帐；同城百元以上五天之内）、银行本票（记名并可背书转让，同城或指定城市一月之内；不定额百元以上，定额五百、一千、五千、一万）、银行汇票（异地结算）、汇兑凭证（信汇、电汇）、委托收款凭证、商业汇票（同城、异地）等票面上，就完成了货币荷载有关信息（参见第四章第五节）的使命。这些信息从某一帐户发出，完成其功能，并转化或再生成新信息（含功能为零，未受加工的原信息）而返回原帐户，与原发出信息勾通（冲帐）之后，才结束其"帐面结算"（应收、应付等）状态，而进入该帐户的"货币形态"（存款额或库存现金额）。

单位的库存现金也有一部分是非现金结算（如通过支票）。真正由财务部门下发的现金只有工资奖金福利、向个人收购农副产品（如种苗）及其他物资的现金、出差人员随身携带的差旅费（备用金）、零星（少于100元）的支出或银行同意的某些开支。银行还通过

"库存现金限额"（3~5天，边远地区不得超过15天的日常零星开支）来控制现金发放。

此外，财务制度规定不许坐支现金，即不能从本单位的现金收入中支付现金，现金收入应当日送存开户银行（或确定送存时间）。如经银行同意，可动用收入的现金（相当于已送存，不属坐支）。

当库存现金及各帐户存款出现不足和短缺时，可以按规定手续申请并办理短期贷款或向部门借款（利用银行的"金融"功能）。这类贷款或借款不能用于基本建设和非生产性开支，且必须按期归还。能否守"信用"，是银行批准或不批准贷款的重要依据。因此，这类经济行为常称为"信贷"，申请单位对于资金偿还的信用程度常称为"资信"。随着我国改革开放的进程，各单位与金融机构如银行的相关联系将更趋频繁与复杂。

同样，保险机构也正在以日新月异的进展渗入我国的经济生活。市场竞争系统之所以具有较大的经济活力（参见第二章第二节），重要原因之一就是把"机会"和"风险"同时放到了较低层的单位或个人的身上，也就是常说的"权力下放"、"自负盈亏"。为了减小风险损失，从而鼓励更多的投资者大胆地把设想落实为行动，保险公司应运（即出现保险需求）而生。

目前我国已经开展的自愿保险有普通（企业、家庭）财产保险、农业保险和人身保险等；并正在议论质量保险。对外开展的保险种类更多，已在20类左右，除财产、人身等项外，还有雇主责任保险、公众责任保险、产品责任保险、雇员忠诚保险、履约保证保险等等——由于各国法律和文化背景不同，必须为国外的投资者提供这样一些保险种类，他们才能放心地进行投资。（非自愿保险即法定保险带有更多的"税收"性质，只不过是"专税专用"罢了，例如火车、轮船、飞机的乘客需进行人身安全保险，又如失业的救济保险等）。至于国外开展的各种保险更是五花八门，甚至涉及猫狗等宠物。

办理保险时要确定种类及保险责任（如企业财产、家庭财产；家庭财产中的火灾、偷盗等；类似于开设银行帐户中的法人、个人；个人中的活期、定期等）、确定保险标及其金额（类似于银行存款数目）以及保险期限（一般都是1年，但对于"营业中断"规定3~12个月的"损失赔偿期"，对于"诚实"规定6个月的"损失发现期"等）。与银行存款不同之处是：还需交纳保险费（如2‰或0.2%的保险标），而保险标的金额并不进入保险公司。也就是说，权利人用0.2%的金钱从保险人那里"购买"了被保险物（保险标）的"风险补偿"。

一旦风险发生，可以遵照下述的理赔程序来减轻权利人的损失：1. 尽快通知保险公司损失的发生情况；2. 保险公司检验有关损失；3. 审核各项单据证明；4. 核实损失原因；5. 核实损失程度和数额；6. 对损失后剩下的财物作出安排（损余处理）；7. 支付赔款。我国除国营的中国人民保险公司之外，还有合营的中国保险公司及中国人寿保险公司等。

由于保险公司本身也要面临风险，有时甚至是巨大风险，因此国外已开展了"对保险人分担风险的保险"，即"再保险"。这种更高层次的保险，可以说是在市场竞争系统的框架之内所进行的有组织的"异域整合"尝试（参见第二章第一节）。

会计是以货币单位为量纲，连续、详尽、忠实、完备地记录及汇总有关单位的收支状况、经济活动及相关成果的行为。"连续"是时间不间断，"详尽"是同时的相关空间不漏失，"忠实"是以凭证为依据，"完备"是同时在两个（借与贷）或两个以上（一借二贷或数贷）的帐户中记录每一项相关事务，即进行"复式记帐"。"汇总"则包括会计核算、会计分析和会计检查。

会计行为（记录及汇总）的成果或"产出"是会计报表，因此，它是以"信息"为主要对象的经济行为（参见第一章第一节"经济"概念）。早期的会计报表都是财务报表，这些报表主要是为企业外部同企业有经济利益关系的各种社会集团（含上级）、投资人、债权人等服务。自本世纪初开始，逐步发展出相对独立的管理报表，主要是为企业内部的经营管理服务。这样，会计信息系统就包括了财务会计和管理会计两部分（参见图6-1）。管理会计是对财务会计的有关资料信息进行加工、改制和延伸，从而对各种经济方案的经济效果进行分析对比。下面主要介绍财务会计的管理。

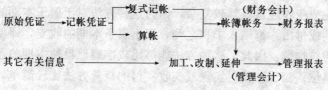

图 6-1 会计信息系统

首先是设立会计帐簿，即日记帐、分类帐（总分类帐和明细分类帐）和备查帐。它们可采用订本、活页、卡片等形式。每种帐簿内都按会计科目分为不同的帐户，我国现行会计科目中的一级科目（总帐）、二级科目的设置是由财政部门统一规定的，各单位可作适当的兼并和补充。（见表6-1）每个帐户的基本结构是分为左右两方。在借贷记帐法中（增减记帐法和收付记帐法类似，这三种方法分别适于工业、基建、预算），左方是"借"方，登记资金占用的增加，资金来源的减少；右方是"贷"方，登记资金占用的减少，资金来源的增加。在一定时期内，帐户所登记的资金占用或资金来源的合计数，称为本期发生额（每笔帐都是有借必有贷，借贷必相等）。除基本结构之外，帐中还设"余额"栏目，可置于借方（占用余额），也可置于贷方（来源余额）。占用的期末余额＝借方期初余额＋借方本期发生额－贷方本期发生额；来源的期末余额将上式右边的"借方"改"贷方"，"贷方"改"借方"即得。

基 本 会 计 科 目　　　　　　表 6-1

| 资金占用类 | 资金来源类 |
| --- | --- |
| 固定资产 | 固定资金 |
| 材料 | 折旧 |
| 生产费用（余额表示在产品） | 流动资金 |
| 待摊费用（如预付全年车辆 | 银行借款 |
| 　　保险金，待年末摊入各月） | 预提费用（如预提固定资产 |
| 产成品 | 　　折旧费、大修理费等） |
| 现金 | 其他借款 |
| 银行存款 | 投资 |
| 应收票据 | 应付票据 |
| 应收款 | 应付款 |
| 暂收款 | 暂付款 |
| 待处理损失 | 待处理收益 |
| 专项存款 | 专项基金 |
| 销售成本 | 销售收入 |
| 税金 | 利润 |
| 利润分配 | 其他收入 |

注：1．"生产费用"科目在月末结算转为完工产品后如有余额表示在产品。
　　2．除基本科目外，可另行设置三级或更次级科目，如工业企业的基本生产帐户以及车间经费、企业管理费帐户等。

其次，收取认定原始凭证，如发票、收据（外来原始凭证）、收料单、领料单（自制原始凭证）等。

第三，根据审核无误的原始凭证（或原始凭证汇总表）填制记帐凭证（又称分录凭证）。

第四，根据分录凭证进行平行登记，即同时在总分类帐和相应的明细分类帐中进行登记。二者方向一致、金额相等、依据相同。

第五，进行会计核算，即对于本期内应收应付的一切发生额（权责发生核算制），或对于本期内实收实付的一切发生额（收付实现核算制），逐级相加求和（仍分为借方与贷方）并计算余额。权责发生或应收应付核算较复杂，因为这种方法对于属于本期的收支，不论它们在本期内是否收到或付出，都纳入求和之列；而不属于本期的收支，即使在本期内已收到或付出，也不作为被加数。因此，这种方法能够比较准确地反映本期的盈亏状况，比较适用于生产及经营单位。相反，收付实现或实收实付的核算方法比较简单，凡在本期内实际收到或付出的一切收支都参与求和，比较适用于行政、事业单位。

第六，编制会计财务报表，如某月、某季、某年的资金平衡表、利润表、成本表等（其中可包括下属基层单位的分表及编制单位的汇总报表）。

第七，进行会计分析和会计检查，参见第四章第四、第五以及第六章第一到第六节。在此基础上还可加入其它信息来进行加工、改制、延伸，形成会计管理报表（参见图 6-1）。

## 第七节　生　产　与　经　营

经济效果既取决于有效生产量，又取决于无效消耗量（参见第一章第二节公式（1-6）及第四章第一节）。生产单位（农林生产单位及工矿企业，即第一产业与第二产业，参见第四章第三节）致力于提高有效生产量，经营单位（第三产业）致力于减少无效消耗量（参见第六章第一节），而生产经营型单位则兼具两者的功能。这三类经济实体都受到资源环境的约束及经济需求的牵引（参见第一章第一节图 1-1 及第二章第一节）。

在受到较轻的资源约束的经济系统中，由于市场需求不足，产品的无效消耗常成为制约经济效益的主要因素，因此，经营单位对经济系统的边际效用往往大于生产单位（参见第一章第三节），由此导致经营单位常能以较高的均衡价格（参见第二章第四节）提供服务。第三产业在欧美国家蓬勃发展，正是基于这一原因。

由于欧美等发达国家在世界经济中占有较大比重，世界市场的价格起伏受到欧美市场的左右，使得其它地区的发展中国家也同样抬高第三产业的市场价格。这使得经营单位获利较多，但却不一定与有关国家的资源条件相吻合——对于资源约束较重的经济系统，经营单位对经济系统的边际效用并不一定大于生产单位，而有可能小于生产单位。如果本来就是资源不足、供不应求，却受世界市场价格的左右而鼓励需求，其结果必然是更加供不应求，反而出现了更加有求于经营单位的局面。由于资源不足，经营单位往往是无源之水、无根之木，其结果就鼓励了假冒商品和劣质服务。由此导致的恶性循环必然使"二道贩子"猖獗。同时，也使得生产单位向生产经营型单位转化，减低了社会分工的强度——这是有关经济系统自发调节的一种方式。由于资源不足，过强的分工所引致的大规模消耗资源不仅是有害的，而且是不可能的。

一般说来，无效消耗的物质越少，金钱的亏损越少、盈利越多。但是，由于人类需求受到许多因素的影响，对于某些特定物质来说，有可能在较多的消耗（较长时间库存）之后再投入市场而使得金钱上的盈利较大。因此，掌握市场信息、预测市场需求，常决定商业性经营的成败。

园林经营不是纯粹的商业性经营，而是包括生产、养护、服务等等，所以对于市场的依赖较小，而对于公共分配系统的依赖较大。此外，其经营的优劣在很大程度上取决于内部的管理水平。

对于园林经营来说，约束条件有其特殊性（参见第二章），一般呈现市场需求不足，所以常是"公共产品（服务）"。其经济效益较多地相关于经营水平——除了前述的物质金钱管理（见第六章第二至第六节）之外，促进物与钱的周转的重要内容之一就是在市场调查和预测（参见表6-2）的基础上增加服务项目和提高服务质量，以此吸引顾客、激活需求。其中，又要在服务项目与服务质量之间进行适当安排——服务项目不应影响服务质量，服务质量又不应约束适度的服务项目。

例如，在公园中举办"商品展销会"，或出租部分场地给马戏团、杂技团，这类与园林功能（参见第一章第一节"园林"概念）相关甚少的项目就降低了服务质量，没有达到"借靠植物改善人们休憩环境"的目的。与此不同，花展、画展、工艺美术品展、养花品评会、植物知识普及讲座、划船、滑冰、儿童游艺、旅游纪念品出售、琴棋书画专室、茶座沙龙等项目就不会损害园林服务的质量。

又如，如果以高级餐厅的服务质量来要求公园内的饮食服务，就可能约束其它服务项目——因为公园的编制不可能过多。事实上公园内的服务受季节、气候影响，不可能把较多的人员专用于饮食服务。公园内的其它商业部门（如小卖部、照相站等）也与一般商业部门有显著区别——需求有限且涨落幅度较大：每年只有春秋两季高峰，每周只有一个周末高峰，每天只有一个中午高峰，等等。

总之，园林经营者必须结合自身特点进行调度（参见第五章第三节），安排好服务项目并提高服务质量。

随着经济发展和城市发达（参见第二章第一、二节），园林经营中逐渐形成了对于大宾馆饭店提供服务的项目。其中的园林式院落在经营上主要是活物管理（参见第六章第四节）；而室内摆放花草则除了活物管理之外，还有较经常的采购业务（参见第六章第二节）。宾馆饭店对于摆花质量要求较高、更换较频。因此，生产（花卉）与经营（服务）之间就由于其经常性而可能从定点协作、合同供应发展为经济联合体（参见第六章第二节）。这一类生产与服务通常提供法人产品，而不是公共产品（参见第二章第三、四节）。它们往往受到商品市场供求关系的较强影响，而经营者往往受到最大利润原则（参见第四章第五节）的支配，随着价格信号而调节其经营行为。

商品或服务的市场价格（参见第六章第二节）主要取决于它们的消费边际效用（参见第一章第三节及第二章第四节图2-1）与单位有效生产量中各生产要素的货币成本（参见第二章第二节公式(1-4)及第四章第五节）。有些商品如珍禽异兽，由于稀缺度较大而具有较高的边际效用，所以尽管从局部（如产地）来看成本较低，但其市场价格很高。这往往促使各地开发本地特有资源，并以生产经营型方式提供配套产品或服务。对于高新技术产品，也有可能出现这种情况。由于后者受资源约束较少，随着更多的生产者和经营者参与追逐较高利润，以及越来越多的从业人员获取较高工资，整个经济系统的各种产品都会因需求增长而向上浮动价格,产生与产业升级相伴的通货膨胀现象(参见第六章第一节)。另一方面,有些商品如蒸汽机车,虽然成本很高,但在内燃机车及电气机车问世后,其消费边际效用锐减,因此市场价格下降,并逐步被消费市场所淘汰。(淘汰之后,具有较高的博物市场价格,类似于古树名木。)

园林生产及服务接近于新型产业而不同于正被淘汰的产业;另一方面,它又不象珍禽异兽或高新技术那样具有排它性或专利性,因此市场价格起伏有时很剧烈,导致一定的投机行为和盲目决策。例如,我国在 1985 年前后出现的"君子兰"热;又如上海二年生五针松在 1985 年达到每株 50 元,但在 1984 年仅为每株 15 元(1982 年及 1983 年分别为每株 5 元和每株 8 元),而到 1986 年又回落到每株 10 元。其原因在于许多集体户和个体专业户受到一时一地的市场价格的引导,盲目投入生产与经营,使五针松产量骤增;然而市场需求有限,结果经营失败。总之,经营决策应该建立在较全面的市场信息及分析(长、短期需求、供应难易程度、价格等)上,而不应把价格作为唯一指标。至于园林业中作为公共产品的那一部分,更不宜受市场左右来进行决策,如"以园养园"的说法,无异于扼杀园林业。当然,这是不可能的,因为园林业是经济发展的产物——只要城市化不后退,园林需求就不会减弱(参见第二章)。

**市场调查预测的内容和方法**　　　　　　　　　表 6-2

| 查测项目 | | 查测内容 | 调查方法 | 预测方法 |
|---|---|---|---|---|
| 市场环境 | 管理秩序 | 政府法令,管理体制,发展规划,价格、税收、财政政策,环保、保险及工商管理法规,违规率及纠正率 | 资料检索,法律咨询,观察了解,公关刺探 | 政法专家意见,公关刺探 |
| | 经济技术 | 总人口,总产值,劳动生产率,人口结构,职业结构,产业结构,分配结构,消费结构,国民收入,存款,物价,通讯,交通,能源供应 | 资料收集整理,实地考察 | 经济学家意见,统计模拟,经验估计 |
| | 文化风俗 | 教育水平,家庭规模,语言风俗,思维方式,观念价值,宗教信仰,审美倾向 | 实地考察 资料检索 问卷调查 | 文化人类学家意见,史实时空参照 |
| | 资源生态 | 气候,地质地理,土地,水源,森林,矿藏,特有景观,其它资源 | 遥感调查及监测,实地考察,资料检索收集 | 动态评估,灾害(含人为)研究 |
| 市场需求 | 本企业 | 现有和潜在需求量,现售量,占有率 | 抽样询问(面谈,电话,函件),现场观察记录,问卷,小规模实验,公关刺探 | 经验判断(经理,销售人员,销售者,专家)统计分析,分割,时序,回归 |
| | 竞争企业 | 现售量,占有率,分布在几个企业及分布情况 | | |
| | 产品或服务 | 整体质量(功能,档次),零部件供应,包装,商标,广告,交换渠道,方式及日期,付款方式,售后服务 | | |
| 消费者 | 类别 | 终端消费与中间购买,集团与个人,个人的年龄、性别、民族、职业、文化水平 | 现场抽样询问或问卷调查 | 经验判断(经理,销售人员,销售者,专家)统计分析,分割,时序,回归 |
| | 动机 | 必需,赶时髦,"摆阔",偏爱,广告,公关 | | |
| | 习惯 | 时间,地点,常用同商标或常变换,一次购买量 | | |
| | 购买力 | 工资水平,存款额 | | |
| 竞争者 | 数量 | 生产企业数,销售单位数 | 向管理部门咨询,从商品逆推,公关刺探 | 经验判断(经理,销售人员,销售者,专家)统计分析,分割,时序,回归 |
| | 背景 | 生产能力及规模、技术水平,生产成本,运输成本 | | |
| | 产品或服务 | (同"市场需求"中的"产品或服务"栏) | | |

市场调查预测的步骤如下：1. 确定目标及相关项目（见表6-2）；2. 收集整理资料及非正式调查了解如座谈、访问，整理来信意见等（以上是预备阶段）；3. 决定调查和预测方法（见表6-2）；4. 准备调查表格；5. 抽样设计（方案）；6. 实施调查（以上是正式调查阶段）；7. 整理调查资料及数据，进行定性、定量分析及预测；8. 提出调查和预测报告（以上是结果处理阶段）；9. 分析比较预测结果与后续实况的差异，改进预测方法及准确程度（如对各种预测方案进行优选、对不同加权方案予以修改，等等。这是实践检验及误差调节阶段）。

关于市场调查和预测的内容和方法，简介如下（参见表6-2）。

表6-2"市场环境，经济技术"项中"劳动生产率"是单位时间（日、时等）内的有效生产量（参见第一章第二节公式（1-4））。"人口结构"是年龄结构、性别比、职业结构、分层结构等的总称。对经济环境来说，主要是指分层结构，即被养人、受养人和供养人之间的比例关系。被养人是指未成年人、病残人、老年人；受养人包括正当职务者（如官吏、业主、党人、文人、艺人、僧人等）、无职无业者（如纨绔子弟、游民、乞丐、骗偷盗劫者等）以及非法职业者（如非法业主、黑社会首领等）；供养人包括受雇于政府或法人的雇员、独立的个人或家庭以及受雇于非法业主的雇员。受养人和供养人按照一年中使用劳动工具或服务于他人的时间是否明显小于平均劳动时间来划分（参见第二章第一节）。在某些地区或城市，人口中流动人口所占比例以及种族、宗教结构也对经济环境影响较大。

表6-2"消费者·类别"项中的"终端消费"也称最终性购买，被购买的产品或服务用于社会成员或集团的福利需要（参见第一章第一节"经济"概念），实现其效益，不再增加无效消耗（参见第一章第二节公式（1-6））。"中间购买"也称生产经营性购买，被购买的产品或服务用于新的生产环节或进入新的流通过程，其使用价值并未实现，无效消耗（如积压、自然损耗等）量继续累积增加。最终性购买具有非专家性、小型、分散、多变、随机性等，受到各种心理、时尚以及广告、季节等许多因素的影响，因此较难预测，同时又能提供许多出人意料的市场机会。生产经营性购买则以专业人员为主要消费者，具有集中、配套、计划、相对稳定性，主要受到专业技术、投入产出分析、成本利润分析（参见第四章）以及相关商品知识等理智选择或系统权衡的影响。由于大多数终端消费在最后实现之前都曾从中间购买的环节中通过（如原材料），同时后者还包括决不会成为终端消费的工具设备，因此后者的交换价值总额常大于前者（我国约为40∶60）。二者之差随最后一次批零差价的增大而减小。

表6-2"调查方法"中的"公关刺探"对于难以从公开途径中调查的内容适用，例如为了吸引投资和旅游等目的，某些地方当局可能对本地违规率或纠正率加以保密或粉饰；又如竞争双方往往相互保密，等等。对于一些将要出台的法规政策，公关刺探也可能比专家预测更为直捷准确。"公关"或"公共关系"的第三项内容（见第五章第二节）是争取各种类型的公众的理解和赏识。"公关刺探"即是由于被刺探者的理解和赏识而将有关调查内容透露给公关人员。"小规模实验"方法是在某一种商品改变品种、包装、商标、设计、价格、广告等因素时，以小规模投放市场，调查用户的反应，然后决定是否扩大规模。

表6-2"预测方法"中的"动态评估"对于农林资源的消长及状态、气象变化、病虫害发生等较为适用。"经验判断"则多用于变化多样且复杂的市场需求等项内容。其中"专家意见法"又称德尔菲法，程序是：1. 在有关领域内选定30名左右属于不同小群体的专家，分别向每一个专家提出明确的有针对性的预测课题，附上尽量客观的背景材料，请他们书

面答复；2. 将各位专家第一次的回答归纳成统计表，不注姓名；3. 将表格分别送给上述专家，询问是否修正自己原有答复，并请那些不同意多数意见的专家说明理由，仍然书面答复；4. 将第二次回答归纳成统计表；5. 同第3；（4和5的程序可以反复进行若干次）6. 把专家们逐渐一致的预测作为有关课题的预测结果。

"统计分析"的预测方法带有较多的科学性，即含有观察（计量数据）、假设（建立数学模型）、实验（统计检验）、推论（结果预测）这四个程序环节。其中，市场分割法、时间序列法和回归分析法比较简易、常用。

市场分割法主要用于预测潜在需求，把符合条件的消费者与其他消费者"分割"开来。例如，某旅游设备厂准备生产公园用的一种新设备，据估计当公园达到年游人量百万人次的规模才可能买这种产品，年游人量200万人次才可能买两部，年游人量250万人次可能买三部。通过调查知道该企业所服务的地区内共有1200个公园，其中500个年游人量在100万人次以下，100万到200万的400个，200万到250万人次以上的100个。依此预测市场潜在需求为$500 \times 0 + 400 \times 1 + 200 \times 2 + 100 \times 3 = 1100$（部）。（这是一种"由下而上"的分割预测方法。）又如，预测某省城市盆栽花卉市场的潜在需求，调查数据为：该省家庭总数2000万个，城市占8%；城市家庭中已有20%的家庭购置了盆栽花卉，新婚家庭及其它零星购买只占无盆栽花卉总数的10%，而调查又显示只有30%的人口对盆栽花卉感兴趣，其中买得起的人只占20%。依此预测市场潜在需求为$2000万 \times 0.08 \times (1-0.2) \times 0.1 \times 0.3 \times 0.2 = 7.68$千（盆）。（这是一种"由上而下"的分割预测方法，也称"连锁比例法"。）

时间序列法主要用来预测产品或服务的近期售量，其基础假设是：过去的一段时间内的销售动态（稳定、波动、增降）将在近期内保持下去。

对于稳定动态（波动只是偶然的随机涨落），采用算术平均法。例如某厂家具销售量在1～6月分别为100、110、98、96、97、105套，则7月份预测销量为$(100+110+98+96+97+105)/6 = 101$（套）。

对于增降动态（波动不是偶然涨落，而是定向升或降），采用移动算术平均法或移动加权平均法，即参与平均的数据只限于近期，且随时间而变动。例如某花木商店1～3月销售量为200、180、160株，用来预测4月销量为$(200+180+160)/3 = 180$（株）；但对于5月的销量预测，则舍去1月数据，增加4月实际销量（176株），即预测值为$(180+160+176)/3 = 172$（株）。（这是移动算术平均法。）

如果在预测4月销量时增加3月份的比重，减小1月份的比重，在预测5月销量时增加4月份的比重，减小2月份的比重，就是移动加权平均法。这样，对于4月的预测值是$(1 \times 200 + 2 \times 180 + 3 \times 160)/(1+2+3) = 173.3$（株）；而对于5月的预测值是$(1 \times 180 + 2 \times 160 + 3 \times 176)/(1+2+3) = 171.3$（株）。其中的1, 2, 3分别是对于前三月，前月和上月的"权重"或"加权值"。这些加权值是根据过去的数据或经验来确定的，也可以是1, 2, 2.5；或1, 3, 6等等。通过后来的实际销量，可以检验出哪一个加权方案更有"科学性"。例如对于4月的预测，"1, 2, 2.5"这个加权方案的预测值（174.5）与实销值（176）最接近，所以有可能更"科学"。应该指出，"算术平均"也就是加权方案为"1, 1, 1"的平均。

回归分析法是把要预期的销售量表示成用来预期的数据项（自变量）的函数的方法。如果自变量只有一个，而且限于一次函数，就称为一元线性回归。如果自变量不止一个，称为多元回归。如果不限于一次函数，称为非线性回归。上述的移动平均法，如果用函数关系表出，就是三元线性回归。目前常用比较简单易行的一元线性回归。仍用上例，设预期月份的销售量为 Y，用来预期的数据项 X 表示上一月的销售量，那么回归方程（函数关系）就是：

$$y=a+bx \tag{6-1}$$

其中 $a$ 和 $b$ 是待定常数，要通过实际的数据来进行统计计算而得到。例如根据上例中 1、2、3 月的数据，可得：

$$\begin{cases}180=a+b\times 200\\160=a+b\times 180\end{cases} \tag{6-2}$$

解联立方程得：

$$\begin{cases}a=-20\\b=1\end{cases} \tag{6-3}$$

因此，回归方程就是

$$y=-20+x \tag{6-4}$$

用公式（6-4）来预测 4 月销量是 $y=-20+160=140$（株），远远偏离实际销量 176 株，其原因是：在这个例子中，预期月份的销售量（$y$）不只和上一月（$x$）相关，因此不能用一元回归方程表示其规律性。也可以说二者之间不存在简单的规律性关联。

总之，回归分析必须首先确认变量之间存在规律性关联，然后才能使得数量计算有应用价值。也就是说，这是一种使已知关联数量化、精确化的方法，而不是可以替代人们去发现规律和确立关联的方法。举例来说，某公园的门票售量与上周到达本城的旅客数量往往具有规律性关联，为了使二者的关联更数量化，就可以采用回归分析的方法。此外，上例中只用了 1、2、3 月的数据来估算 $a$ 和 $b$，也不免产生较大误差。为了减少这种误差，通常采用最小二乘法来估算 $a$ 和 $b$，即

$$\begin{aligned}a&=\bar{y}-b\bar{x}\\b&=\frac{\Sigma xy-\bar{y}\Sigma x}{\Sigma x^2-\bar{x}\Sigma x}\end{aligned} \tag{6-5}$$

其中

$$\begin{cases}\bar{y}=\Sigma y/n\\\bar{x}=\Sigma x/n\end{cases} \tag{6-6}$$

$n$ 是数据对的个数。例如上例中 $n=2$，即（180，200）和（160，180）；从（6-6）可得 $\bar{y}=170$，$\bar{x}=190$，$\Sigma xy=180\times 200+160\times 180$，$\Sigma x=200+180$，$\Sigma x^2=200^2+180^2$，代入（6-5）即可得（6-3）及（6-4）。如果增大 $n$，多取一些数据对，就有可能改进一元回归的精确度，并可以通过相关系数（$r$）来估计变量之间的关联是否密切，以及这种关联是否可信。方法是首先计算相关系数：

$$r=\frac{n\Sigma xy-\Sigma y\cdot\Sigma x}{\sqrt{n\Sigma x^2-(\Sigma x)^2}\cdot\sqrt{n\Sigma y^2-(\Sigma y)^2}} \tag{6-7}$$

然后在"检验相关系数"的统计用表中查出与置信度（$\alpha=0.05$）及自由度（$f=n-2$）相对应的值 $r_\alpha$，如果算出的 $r>$ 表中的 $r_\alpha$，那么 $y$ 和 $x$ 之间的相关程度就符合要求，否则就不符合要求。由于自由度最小是 1，所以上例 $f=2-2=0$ 是不能进行相关程度的估计的。尽

管从上例算出的 $r=1$，但从已有数据不能知道这种密切相关是否与事实相符。（$r$ 越接近1，相关越密切；但是其可信程度却要进行查表检验。而数据太少就无法进行检验。）

最后应该指出，市场调查预测不仅可以用于国内市场，也可以用于国际市场。对于后者，"市场环境、文化风俗"和"资源生态"的差异常有重要意义。因此联合国粮农组织等国际机构常雇用文化人类学家与有关专家共同组成调查小组。

其中，"市场环境"中的"管理秩序"尤其重要，而它又是与"文化风俗"密不可分的——欧美市场经济的发展历程显示：市场秩序取决于经济增长、法制建设、人员素质这三者的互动。

人员素质主要是指执法人员的素质。因为，法官和警员的平均收入，总是大大地少于商人资产者的个人可支配收入（参见第二章第四节图2-2）的平均值。因此，法官和警员的公正性和积极性，决不可能只靠金钱"买"到，而是必须依靠制度建设和精神建设的均衡与有效。（与此不同，商人资产者的积极性可以通过经济增长来"刺激"——只要经济不断增长，他们就可以从现存的产业级差之中获取大于平均值的利益。）

制度建设包括立下规矩（立法）、执行、监督、惩罚和修订规矩。精神建设的首要措施是优化法官和警员的队伍，也就是要尽量选拔那些既具有法律知识和执法能力，又能够在收入级差面前甘居中游地克尽职守的公民。这样，才能把违法行为控制在适度的范围之内——如果超过了这个范围，惩罚就难以进行，失去了"示警"作用的法律尊严就难以维持，伪劣假冒和贪污腐败就会成为"集体闯红灯"——合理不合法，管不过来，立法就变成了纸上谈兵。

能够在收入级差面前甘居中游的执法人员，必须在整个法律系统中占多数，甚至大多数，法律建设才会有效——执行和监督都涉及大量的人员，他们之中的多数不能互相包庇，也不能内外勾结。这样一个数量，是从更多的人口中选拔出来的。

因此，社会凝聚力必须达到一定的程度，制度建设才会有效。而社会凝聚力，在跨过温饱阶段之后，主要取决于精神文化建设——世上没有任何一个较大的国家只靠利益平衡来凝聚人心，中国更不可能。

（英国在其发展早期，凝聚力的主要源泉是英国国教——基督教的文化背景使人们承认："上帝帮助自助者"，凭勤劳致富的人是"蒙上帝的恩准"，主要不是靠投机害人。因此，尚未发财的人，应该"自助"，而不是"骗人"——对于法官警员来说，就是在本职岗位上敬业、公正。即使如此，金钱的诱惑也会使许多人铤而走险。英国在当时的措施是："大犯要犯"绳之以法；"集体闯红灯"的人逐出国门——向海外移民〈参见第三章第六节〉。对于城市中的无业人员，甚至加以拘捕或强制劳动。日本之所以迅速市场化，是因为它在经济增长和凝聚力这两个方面，全都具有较好的文化条件——明治维新之前的封建状态使得商人的沟通作用远较中国为大，从这一点出发就较易调动商人资产者的积极性去合法地推进经济增长；另一方面，儒家思想的浸染薰陶与大和民族自身的凝聚力大大地减少了执法队伍中的低素质人口。）

对于中国来说，想要选拔出必要数量的能够在收入级差面前甘居中游的执法人员，以及高素质的行政人员（因为中国的行政系统与法律系统相关甚密），不大可能依靠奠基于基督教精神的观念价值"矫情、抗争、自胀"；也不大可能依靠奠基于武（士）道和苦（佛）道精神的日本观念价值"实干、学强、自耻（拼命要强）"；而是必须依靠植根于中国土地上的观念价值"知识、协调、自重"。这三类观念价值可以更通俗地表述为"个体原罪感"（或逆反为"个体自恋感"）、集体危机感、群体历史感。

最后这一点，是重视知识的结果。因为，虽然"知识"的获取是从识别世上的个体、群体、事件，以及认定事实开始，并继之以寻找这些被识别的事物和现象之间的关联，但是，"知识"的确认却要根据是否有利于人们维护个体生存和群体延续来筛选——知识象人类本身一样，是进化的结果，即遗传（教育与积累）、变异（灵感与创新）、选择（汰劣存优）的结果。

这个观念价值使得在中国社会的各阶层中，把"赚钱"看得高于一切的人往往是这个阶层中综合素质较差的人。这些人倾向于和法律"兜圈子"，甚至"练上两手"。另一方面，这些"赚钱内驱力"最大的人，又往往是最能"赚钱"的人。因此，仅仅依靠提高经济活力，不可能治理中国——无法约束行政权力、行业垄断力、假劣骗钱力、暴力、魅力、假学历、出国离心力，等等。

人们过去低估了这些"力"，就是因为没有重视"市场环境"的调查，既忽视了"文化制约"，又忽视了在漫长的历史过程中造成这种文化的合理性——环境资源制约。

（中国的环境条件较严酷，是因为在亚欧古文明所处的中纬度地区，都受到常规西风的影响。中国地处太平洋之西，常规西风从大陆吹向海洋，海上湿气只在春夏之交因陆海温差而开始挺进大陆，造成中国降雨的季节性差异，以及频繁的水旱灾害。这种条件使得主张中庸之道的儒家组织管理学被"逼上"前台：汉武帝采纳"独尊儒术"的建议，密切相关于他的父亲景帝险些在"吴楚七国之乱"中丧失皇权，而所谓的"文景之治"，就是只顾经济活力，忽视了环境约束和基本秩序。与此类似，唐代"安史之乱"后开始把孟子上移到仅次于孔子的地位，也是因为唐玄宗的子孙们认识到："开元之治"中的经济活力，不足以治理中国。与此不同：地处大西洋东岸的西北欧，受西风所携带的海洋湿气的惠泽，降雨在一年中均匀分布，所以在一个相当长的时期内，人们没有意识到大自然的严酷和威力，常常想要"征服自然"。）

# 第七章 人员信息管理与园林发展

## 第一节 人与发展：系统权衡与信息文明

人是由灵长目动物古猿进化而成，标志是"保有工具"和"保存火"（合称为"化物为奴"）。现存灵长目中的黑猩猩能够制造工具，如把草棵剥修为草棍去粘蚂蚁吃，但是没有任何一种非人动物具有"化物为奴"的行为。"人"的第一次重大发展是形成早期人类社会，标志是口声语言、共有图腾和社会公则形成。这种社会从经济上看是群内调济系统（参见第二章第一节），从文化上看是"天真时代"——极少个体经由变异或"灵感"萌芽出少量精神财富，大多数个体只是通过"模仿"或"语言交流"（学习"）而获取有关精神财富（参见图7-1）

天真时代的文化行为及经济行为只是略微超出于生理行为（参见图7-1）——人类行为受"最小耗能原则"支配。也就是说，多数人总是试图以较小的耗能来达到目的。一般倾向于相对的稳态，即维持个体生存与群体延续。只要粗放的经济行为（如采集、狩猎、游耕，见图7-1纵坐标1）能够维持个体生存和群体延续，早期人类就不会去采用强烈的经济行为。（如定耕、轮作、掠夺等，见图7-1纵坐标3～8。游耕与轮作的区别是：游农只管种和收，当土地肥力减少而减产时，游农家庭就迁往另一片土地进行刀耕火种；这个家庭很可能再也不回来开垦。在十年或二十年后，经自然更新而使这片林地或草地的肥力恢复，人们可能又来开垦，但也可能不再开垦它。）

进步的动力是环境条件的"逼迫"。自然灾害以及人口增长所导致的环境压力"逼迫"人们"同域分层"，并进一步形成封建城堡系统（参见第二章第一节）。从经济形态来看，蓄养奴隶与蓄养畜力没有任何区别（但从现代的人道主义来看二者有本质不同）。所谓"奴隶社会"，其实并非以"奴隶"为其主要特征，正如每家平均蓄有三四头牛马的社会不宜称之为"牛马社会"一样。在古希腊的雅典，社会的主要特征仍是供养人（平民）和受养人（贵族），奴隶则与牛马相近，其数目只占总人口的三分之一左右，就连语言也与社会主成分不同。

人类社会的第一次重大发展是分别在黄河流域、两河流域及尼罗河流域形成古文明，标志是文字、分工和分层。这种社会从经济上看是封建城堡系统（参见第二章第一节），从文化上看是"理智时代"——多数个体开始在不同行为模式之间进行"选择"。在古文明中，已从巫卜、物卜或物巫兼卜等选择方式进展为字卜（如甲骨文）、时空参照（经验，参见第三章第三节）以及智者论说——语言升华（箴言、警语）、感情强化（人格化神）、超越经验（"道"、"逻各斯"等范畴）、开发内心（"仁"、"善"等范畴）、揭示思表（形式逻辑）等（参见图7-1）。智者论说经过横向异化（如百家争鸣、古希腊后期学派）和纵向同化（如独尊儒术、宗教裁判所）而普及于多数人。

同域分层之后,"走向高层原则"成为人类行为的另一个驱动力。也就是说,多数人总是试图从供养人变为受养人,以及从较低层的受养人变为较高层的受养人,因为层次愈高,达到同一目的所需的耗能愈少。这样,就使得封建城堡系统成为战争的摇篮。于是,战争

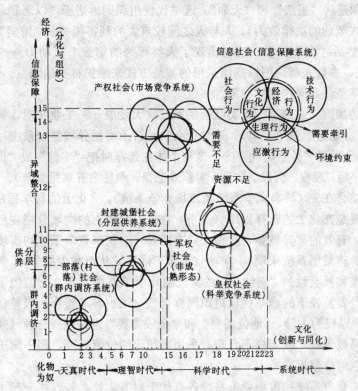

图 7-1 "文化—经济"坐标系中的行为结构及社会发展

数码内涵:

横坐标:1. 口声语言;2. 图腾崇拜;3. 社群公则;4. 竞技娱乐;5. 占卜选择;6. 数字文字及语言升华;7. 价值评估;8. 同类比较;9. 感情强化;10. 异类求同;11. 类比思辨或过程思辨;12. 超越经验;13. 开发内心;14. 揭示思表;15. 实验分析;16. 积累欲望;17. 抗争自胀;18. 法律约束;19. 证据整合;20. 安乐欲望;21. 协调自重;22. 人心约束;23. 系统权衡。

纵坐标:1. 采猎游耕;2. 氏族组织;3. 定耕农业;4. 扩展与交换;5. 食物储藏;6. 化生物为奴;7. 领主仆臣组织;8. 化同类为奴;9. 以战养国;10. 军事组织;11. 科举文官组织;12. 化能量为奴或工业革命;13. 选举代议组织;14. 化信息为奴;15. 兼容可调组织

灾害(也与人口增长所致的环境压力相关)"逼迫"人们把不同的区域整合到同一个经济系统之内。由此而形成异域整合系统。

异域整合系统的早期形态军事帝国是一种不成熟的形态。军事帝国的主要整合因子是军警,综合覆盖度依赖于最高统帅的个人威望,由此而通过军警或其它方式来使社会成员不各自为政(参见第一章第二节公式(1-7))。一旦最高统帅死亡,如果没有新的战争产生新的最高统帅,各地军警的地方化就不可避免(第二级统帅拥兵自重,形成割据)。世袭制不能维系军事帝国,因为军事帝国不象封建城堡系统那样具有较单纯的家族成分和较简单的管理内容,所以无战绩的继承人既无必要的威望,也难以凭借家传的知识来进行复杂的管理。

与此不同，科举竞争系统和市场竞争系统（参见第二章第一节）都是成熟的异域整合系统形态——以知识分子及官吏为主要整合因子的科举竞争系统和以商人及资产者为主要整合因子的市场竞争系统，都是社会高层与中层"契约化"的结果（"皇帝"也必须"守礼"、"修身"和遵从"祖法"和"天命"；选举代议组织则诉诸于"以恶制恶"的对抗方式来认同于对等式契约的法律效力）。人与人之间较重大的利害相关及"博弈"最先发生于高层和中上层，然后才向下扩散。这就出现了人类行为的第三个驱动力——"契约下放原则"。也就是说，多数人都试图以高层采用的契约方式来维护自身的利益。这是走向高层、最小耗能和环境条件共同作用的结果。

市场竞争的加剧"逼出了"人类社会的第二次大发展——工业文明，标志是"化能量为奴"（机器，参见第二章第二节）。这种社会从经济上看是异域整合系统（参见第二章第一节），从文化上看是"科学时代"——多数个体在选择时把"实验"或"证据"作为最后判据（一般程序是：观察、假设、推论、实验或证据；参见第五章第二节）。这第二次发展，经济上的系统整合在先（科举竞争系统及市场竞争系统），文化上的科学程序在后。与此不同，第一次发展是文化上的选择程序（占卜）在先，经济上的同域分层在后。

至今为止，有效的"异域整合"模式只有两种——科举竞争系统和市场竞争系统。二者同源（源于封建城堡系统末期）、同功（整合不同区域从而减少战争）、同构（具有人人可行的升层通道和社会性的"契约化"约束机制）。因此，学者和文官监控下的科举文官组织与商人和资产者监控下的选举代议组织同样合理（维护异域整合的级差秩序）或同样不合理（都不是"以民为主"），"地位需要"和"金钱需要"也是同样合理（缺少这类需要的个体或群体较易被淘汰）或同样不合理（采用理想化的价值标准，即不同于"维持个体生存和群体延续"的价值标准）。

而且，科举竞争系统和市场竞争系统各有优于对方之处，兼容在一起可造福世界。这一次，是人造灾害（污染和生态等，同时，仍然包括人口增长所导致的环境压力）"逼迫"人们去进行"信息保障"。

由于市场竞争系统是一种"不进则退"、不升级就涣散"、"不扩张就瓦解"的系统（其群体延续的条件是不断推动产业升级以维护级差秩序），所以正在并且越来越强烈地受到资源环境容度警戒线的制约（推动产业升级的重要前提就是"刺激需求"和"积累欲望"，这种情况很像是鼓励每个人都把重物拉向有利于自己的一方——合力平衡的条件是有许多人去"拉"，这就不可避免地破坏人与自然的平衡）。因此，应该把科举竞争系统与现代信息技术结合为"知行竞争系统"，依靠它维系秩序（不必刺激需求和"增长"）并保护农业、教育和高科技；通过对市场竞争子系统（即"利润竞争系统"）的调节来力求适度的经济活力（寻找平衡点），从而在经济发展跨过温饱阶段之后，绕过大规模耗能的西方工业文明模式，实现人与环境相平衡的、更加信息化的，更少浪费和污染的发展模式——信息文明。

（市场竞争系统中"合力平衡的条件"还包括有力的法律约束，即不允许一部分人联合起来向同一个方向用力或故意"松手"，这对于非西方文化的社会来说，必须有非常强的民族凝聚力才能办到，即使办到了，却"焉知非祸"——失去人与自然的平衡，极度依赖于海外资源，甚至成为"工蜂"式的经济动物，如日本，被某些学者认为是"国家富强，全民受苦"；至于亚洲四小龙，只是被世界大市场带动的附件，而且利用了冷战时期的一些特殊条件，不具有典型意义。）

因此，人类社会的进一步发展，技术标志是"化信息为奴"（电子计算机和传感仪器），从经济上来看是"信息保障系统"——兼容知行竞争系统和利润竞争系统，以保障比积（参见第一章第二节公式(1-7)）为指标来进行系统权衡（参见第三章第二节）。这从文化上看就是系统时代（参见图7-1），对于经过实验或证据筛选过的行为模式，再进行"有益性"筛选，即通过模拟、预测、反馈等程序，来决定如何调节自己的行为，以便使社会及其成员达到最优、有效或满意的状态。为此，人们不只要掌握过去的知识和科技成果，还要建立起不断权衡与调节的决策取向。在人和自然之间进行权衡，在社会秩序和经济活力之间进行权衡，在级差和公正之间进行权衡，在知识和金钱之间进行权衡；也就是奉行中庸之道（"中"的含义是"不偏"，"庸"的含义是"不变"，但不是外物不变，而是人对外物的主动地位不变）。

人们在进行决策时就像是提着称杆去称重物（对于现实状况进行权衡），无论重物（当前状况）如何变化，都不能不顾及称砣（历史教训和经验，即时空参照，见第三章第五节），都要通过移动称砣（掌握决策的侧重点）来保持称杆平衡（当客观事物发生变化时，人们必须注意到历史上曾经显示过的制约因素，通过权衡调节和适当移中来保持基本秩序的稳定）。

在这个过程中，必须收集正在运行中的大量信息，以便将系统的当前状态与期望状态相比较。如果相差不大，就可以仍按原决策方案实施；如果相差较大，就要进行调节；如果相差太大，就要重新进行决策。由于信息及其加工技术（参见第七章第六节）的作用非常重要，所以系统时代也可以说是信息文明——信息文明＝中庸之道＋信息技术。

天真时代的文化行为及经济行为只是略微超出于生理行为（见上文）。与此不同，理智时代的古文明主要是社会行为的长足进展，并辅以技术行为的进展（参见第一章第一节图1-1）。科学时代的工业文明则主要是技术行为的长足进展，并辅以社会行为的发展。系统时代的信息文明将是人类在社会文化及技术经济两个方面的平衡进展。因此，社会学家、文化学家必须了解科学技术，熟悉经济管理；同样，技术人员、经济学家必须了解社会现象，熟悉文化人类学。对于园林业这种本来就兼及技术与文化的部门（参见第一章第一节及第六章第四节等），更有必要进行人员管理和信息管理，面向未来地开拓、进展。

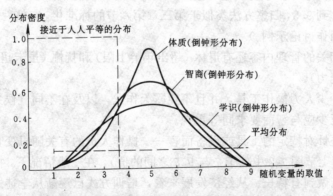

图7-2 人文变量的准正态分布示例（倒钟形分布）

人员管理是技能管理、知能管理（以上两方面可合称为人力管理或劳动管理）、人才管理和群体管理的通称。它与物质管理（参见第六章第一节）的区别在于管理对象的非标准性和非稳定性。一个社会中个体差异所呈正态分布（严格说来应是准正态分布或倒钟形分布，参见图7-2）的方差，远远大于一批设备或其它物资的方差；同时，个体状态随时间的变化远大于物质。物质常是单向消耗（活物除外），而人员则常有起有伏。此外，人员群体决不象设备群体那样可以进行数量上的简单叠加；相反，往往是群体功能大于个体之和（协调、竞争），或小于个体之和（对抗、内耗）。

人员管理主要包括选用、训考、升调、工资奖惩、福利、劳动（健康）保护、退休、抚恤等内容。广义来看，还包括优生、教育、死亡处置等内容。

信息管理是法规管理、新闻管理、档案管理、通讯管理和情报管理的通称。对于经济管理来说，主要包括资源、人口、总需求、总投入、供养比、覆盖比（参见第一章第二节及第二、三章）等宏观信息的管理以及技术（工艺、材料、设备等）、科研成果、原料、产品或服务市场（参见第四、五、六章）等微观信息的管理。介于二者之间的中观信息管理一般不必独立讨论。具体到园林部门，主要是微观信息管理。

## 第二节 人力管理（一）技能管理：体质、特长、经验、覆盖度

人力管理是为了保证一定技术设备和资源条件下的劳动生产率（$Y/T$，参见第一章第二节公式（1-5）及（1-4）），并尽力使之有所提高所进行的程序制定、执行和调节（参见第一章第一节"管理"概念）。其中，技能管理是针对操作人员进行。与技能管理密切相关的人文变量（参见上节图7-2）主要是：体质、特长、经验和个人覆盖度（参见第一章第二节公式（1-7））。

各种工具设备都对其操作人员有一定的体质要求。即使是最"轻量级"的计算机输入人员，对其视力、手指活动能力及智商也有相当的要求。因此，为了保证操作人员达到一定的时空符合度（参见第一章第二节公式（1-5）），在任用之前必须进行体格检查及面对面问答（或有相关的公证文件）。此外，人类体质随年龄、性别的不同而呈现规律性差异。因此，作为面向多数人（即上节图7-2中体质变量取值处于2与8之间的人，或3与7之间的人）的程序化管理，在选用操作人员时常辅以年龄限制，甚至性别限制，或其它特殊限制。（上节图7-2中的横座标没有标出单位或量纲，这样就可以使整个图形规整一些——各种变量都归整为从0.5到9.5，归整方法类似于第三章第六节的标准化。归整后的图7-2可以更简明，从而利于用作讨论示例。）

与体质变量相关的管理内容还有退休（超出年龄上限）和抚恤（虽未超出年龄上限，但已失去正常劳动能力）。

园林业中有不少人力操作工具，并且不免露天作业，以及在不同气候条件下作业，因此对体质的要求至少应与智商要求同等重视。

"特长"通常是针对特定的工具或设备而言——操作人员的有关随机变量取值应超出社会中的平均值（即上节图7-2中处于7与9.5之间的值）。在一般情况下，操作人员都要经过培训及考核才能做到有特长。从经济发展来看，培训方式已逐渐从学徒式（耳濡目染兼操作）发展为学校式——技工学校、职业学校等。无论是出师的学徒，还是毕业的学生，在正式任用之前都应经过考核，以确定其是否具有了一定的特长。如果特长优异，还可破格使用。

一般说来，操作人员的特长会随着经验的积累而逐步进展。为了鼓励操作人员提高时空符合度，通常采取升级、调配以及相应的工资、奖惩制度。升级通常有一定的年资要求，并辅以功绩或考试考查。调配则是为了开发某些人的经验优势，如从设备安装调试人员调配为设备维修人员，从花卉生产人员调配为花卉养护人员，等等。

一个操作人员的个人覆盖度（参见第一章第二节公式(1-7)）愈大，其技能特长愈有可能被同伴们模仿和采用。一个操作人员所掌握的特长愈多愈精，其个人覆盖度就可能愈大。除了技术行为之外，个人覆盖度还与主体的文化行为相关，在某些情况下，甚至由体力及个性来决定。虽然目前尚无准确的评价方法，但是在某些难以定量考核的服务中，"先进工作者"或"模范人员"的评选，实际上往往与有关人员的个人覆盖度相关。此外，"非正式组织"（参见第五章第四节）的核心人员也往往具有较大的个人覆盖度。因此这是技能管理的内容之一，它是影响时空符合度或劳动生产率的一个变量。

## 第三节 人力管理（二）知能管理：学历、实绩、资历、应变能力

知能管理是为了保证并提高管理人员的时空符合度，或为了保证并提高工艺、流程的质量、调度水平及进度水平（$C_{1i}$，参见第一章第二节公式(1-5)以及第五章第二、三节）而进行的程序制定、执行与调节。

与操作人员不同，管理人员不是用技能，而是用知识及实践能力（合称为知能）来贡献于实现效益量（参见第一章第二节公式(1-6)）。知识，从语源学来看就是对时空参照及其条件、动因的了解（参见第三章第五节）——包括对于组分、结构、指标、程序等已有参照（参见第三章第一、三、四节）及相关规程、相关供求信息（参见本书各章）的了解。

与知能管理相关的人文变量（参见第七章第一节图7-2），主要是：学历、实绩、资历、和应变能力（参见第五章第三节）。

在实行九年义务教育制度之后，管理人员的学历下限是初中毕业。一般说来，这一变量的选用标准是"大专以上"（在第七章第一节图7-2中的"6"至"9.5"）。其原因在于，现代经济管理日趋知识化，仅具有初、高中学历的人员不足以拥有足够的专业性知识，更不用说拥有"T型"结构的知识了。专业性知识对于较低层管理环节（参见第五章第四节图5-3）是十分必要的，这一部分知识通常要在大学专科以上的教学中才能学习。至于"T型"知识结构，则对于较高层管理人员很有助益。

由于现代经济行为既有分工的深化，又有系统的整合化（参见第七章第一节及第二章第一、三节），所以对于覆盖度较大的高层管理人员来说，既需要有一项专业知识（即"T"中的竖线）为根基，又需要对于"经济"与"文化"知识（即"T"中横线的左、右两半）有所学习。

"T型"知识结构的培养往往要通过跨学科的硕士或博士研究生阶段才能完成。此外，对本科生来说，涉及文科及经济的课程也有助于学生们日后在实践中继续补足有关知识。即使是大专毕业生，也可能通过实践经验和勤奋自学补其不足，发展为T型知识结构。

从面向大多数管理人员的程序制定来看，必须对于学历提出一定要求；同时为那些勤奋好学者提供证明自己达到一定学历的机会。例如，实施统一的权威性的考试制度，即无论是大学毕业生，还是自学者，在被任用之前接受统一考核，这一考核成绩的权威性应高

于各普通院校的毕业考试成绩；也可以此代替同类高校的毕业考试，同时允许自学者参加。

一定的学历只是管理人员的基础条件，这正如一定的体质只是操作人员的基础条件一样（参见上节；管理人员也需要一定的体质条件，但相对于操作人员来说较为宽松）。因此，正如操作人员要经过培训考核之后才能正式任用一样，管理人员也要经过试用鉴定之后才能正式任用，即根据其实绩如何决定取舍或高低。这对被试用人员来说是一个适应新岗位的过程，对于管理"管理人员"的人员（人事管理人员）来说，则是一个"识人用人"的过程。

与操作人员一样，大多数管理人员会随着经验的积累而在管理水平方面有所提高。为了鼓励管理人员提高其时空符合度，也常采取升级、调配以及相应的工资、奖惩制度（参见上节）。根据"资历"给以任用，并辅以一定的评审措施，这是人员管理的重要内容。这不仅因为无大过错的管理人员随着资历增加而累积了较多的贡献，而且因为他们经验较多，通常更善于分析处理有关问题。"知识"本是通过知觉经验积累而来，亲身积累的知识当然不应受到忽视。至于评审程序的建立，则是为了防止某些不思进取的人员坐待"论资排辈"，不注意积累和总结经验，甚至混日子、熬年头。在许多评审中常含"发表论文"一项，就是为了鼓励管理人员总结经验、积累知识；而对于外语水平的要求，则是督促管理人员了解更多的"空间参照"（国外经验，参见第三章第五节）。

一个管理人员的应变能力愈强，其知识经验愈有可能贡献于提高时空符合度及实现效益量（参见第五章第三节）。另一方面，其知识愈多，结构愈合理（"T"型的竖、横线较长、较"匀称"），则其应变能力有可能愈强。目前对于应变能力的发现带有一定的机遇性，因为只有当某人有机会"处于变化"之中而又化险为夷时，才有可能被人事管理人员（上级）发现。这也往往是"乱世出英雄"的道理。优秀的人事管理人员应培养自己"慧眼识英雄"的能力，这也就是常说的"伯乐"。此外，随着计算机技术的进展，有可能通过对各种模拟状态的处理情况来鉴定管理人员的应变能力。正如利用计算机进行集团军指挥演习，或利用计算机进行驾驶训练一样。应变能力的识别是知能管理的重要内容——有关人员的应变能力对于时空符合度的影响甚大。

应该指出，在一些教科书中，常把"技能管理"归为"劳动管理"，而把"知能管理"归为"技术管理"。由于"劳动管理"还包括调度定员和生产定额（参见第五章第三节）等；而"技术管理"还包括生产设备和产品质量（参见第五章第二节及第六章第三节）等；因此，这些教科书是把"人员"只作为一般的"生产要素"来处理（参见第一章第二节公式(1-4)）。本书把"人员"作为超出其他生产要素的独特因素单独处理，是出于对于"经济"最终目标（参见第一章第一节"经济"概念）的重视，也是考虑到经济发展的动向（参见第七章第一节）。

## 第四节 人才管理：发现、发挥（使用）、控制

人才管理是为了使单位时间的有效生产量（参见第一章第二节公式(1-4)）大幅度增长，或为了大幅度减少有害生产量和/或无效消耗量，从而大幅度提高实现效益量（参见第一章第二节公式(1-6)），而对特殊人员（人才）所进行的程序制定、执行和调节。如果不限于传统意义上的"经济技术"管理，那么人才管理的目的还包括大幅度提高综合覆盖度和减

少游离覆盖度，以及大幅度提高有益生态率和降低有害生态率（参见第一章第二节公式(1-7)）。

人才，是以实绩显示出至少在某一项人文变量（如体质、技能、知识、创造性等，参见第七章第一节图 7-2）方面超出大多数人的少数特殊人员（其定量取值应在图 7-2 中"8"以上，或甚至"9"以上）。一般说来，"实绩显示"都有赖于二项变量以上的超常值。如运动人才常常不止于体质变量的值超常，而且技能变量的值也超常；歌唱人才也常兼具"好噪子"（体质）和"好训练"（技能）。除了运动员、文艺演出员和其它操作性人员（参见第七章第二节）之外，大多数人才是兼具"好脑子"（智商）和"好素质"（勤奋、毅力、志向等"非智力"变量）。后者也需要一定的体质作基础，但相对说来，体质变量的取值只要不落到"未出茅庐身先死"的地步就可以了。

能够大幅度提高有效生产量，或大幅度减少有害生产量及无效消耗量的人才，通常称之为科技人才或经营人才。科技人才能够大幅度提高工具权重（$W$）、提高时空符合度（$C_{1i}$）、提高资源开发强度〔$L(A)$〕（参见第一章第二节公式(1-4)）或减少污染；经营人才则能够大幅度促进物与钱的周转从而减少无效消耗量（参见第六章第一节）。

科技人才和经营人才的超常之处一般都在于敏锐（智力变量之一）和专注（非智力因素），以及具有开拓或创新意向（即"志向"，属于非智力因素）。

"敏锐"是对已有规范与现存事实之间的差异进行感知洞察的能力。由于"已有规范"体现在人类积累的各种"知识"（参见上节）之中，所以有关人才必须具备一定的知识基础。"专注"是"锲而不舍"、"打破砂锅问到底"的精神。（缺乏知识基础的专注精神常被称为"钻牛角尖"。）"开拓或创新意向（志向）"则体现于建立新规范的不懈努力之中。

仅有"敏锐"而无"专注"，有关人员只能成为"猎奇者"或"爱发牢骚的人"。有"敏锐"、有"专注"，而无"开拓或创新意向"的人员往往成为"怀疑主义者"，怀疑一切规范，无所作为，破旧有余而建树不足。科技人才和经营人才则兼具"敏锐"、"专注"以及"开拓或创新意向"——推陈出新，扩大已有规范或建立新的规范。

从整个社会来看，人才可分为大领大智、专领专智、巧匠、能工等四个层次。科技人才和经营人才通常属于专业领袖或专业智慧（专领专智）这一层次。基层的技术革新能手则属于"巧匠"层次。运动人才、歌舞人才、操作人才等则属于"能工"层次。（秦皇汉祖、老孔墨释等属于大领袖或大智慧层次。）"能工"层次的人才不以"敏锐"及"开拓意向"为必要条件；"巧匠"层次的人才对"知识"这一条件的要求较为宽松。

科技经营人才的管理，包括发现、发挥、控制三方面。

人才发现与"应变能力的发现"（参见上节）一样，具有一定的机遇性。虽然"敏锐"和"专注"可通过"鼓励提出不同意见和建议"来发现，但是"开拓或创新意向"往往是在已获成果之后才能与"钻牛角尖"相区别。而如果有关人才没有机会发挥其特长则难以获得成果。

因此，除了大领袖以知人善任为管理内容之外，一般的人才管理往往偏重于发挥人才作用这个方面，即对于已经"脱颖而出"的人才，提供各种条件（时间、信息、考察、进修）使其有机会利用其敏锐特长去发现已有规范与现存事实之间的差异；在生活、住房、工作环境等方面予以照顾，使其在较少的干扰中专注于研究、试验或经营；以较高的工资、待遇、级别、专利保护等方式激励其开拓意向（创新意向）。

由于科技创新及开拓性经营的效益远远高于常规的经济效益（参见第四章）。有远见的人员管理程序已开始把"培养人才"和"吸引人才"纳入人才管理。不过，由于人才毕竟是少数（"千军易得，一将难求"），所以，"培养"往往是指增大人才产生的概率，而不是象"培训"那样可以使大多数受训者掌握一定的技能（参见第七章第二节），也不象大专院校那样可以使大多数学生拥有一定的知识或学历（参见第七章第三节）。因此，下面关于日本培养人才的"年龄模式"仅具参考价值：大学毕业后，参加一至二年的专业劳动以增加其对"现存事实"的了解；再进行十年左右的不同岗位上的技能训练和经验积累，使其有机会对所学知识（已有规范）和现存事实进行了解和比较；最后才分配固定的工作，鼓励其从事创造性的劳动、研究或经营——人们在 30 至 35 岁之间往往开始表现出实践性较强的创造力，而在 36 至 50 岁呈现创造高峰。（对实际技能和经验要求较少的慎密思维领域如数学、物理、量子化学等，初次表现创造力的年龄有所提前，即在 25 岁前后，约在 26 至 45 岁呈现创造高峰。）

"吸引人才"俗称"挖墙角"（即把其他单位的人才"挖"到自己单位来）。从"挖"的一方来看，这样做的边际效用很大（参见第一章第三节）；而从"被挖"的一方来看，则是因为不能发挥人才的作用，所以人才有可能从"墙洞"出走。从全局来看，只要发挥人才的作用，无论人才是在"挖"的单位还是在"被挖"的单位，都比浪费人才更有效益。因此，人才管理的大原则应是鼓励人才流动。

另一方面，对人才具有吸引力的富庶地区、大城市、名牌院校、大公司、中央机关等等，往往正是人才聚集之处，如果不辅以一定的淘汰机制，那么，"流向"这些单位的人才往往因为局部人才相对过剩而被荒废，而不是被发挥。为了防止人才流动的盲目性，真正发挥人才的效用，从缺少吸引力的地区或部门来看应该实施特殊的"优惠"措施，从全局来看应该建立人才信息库，综合平衡。

下面是可供参考的吸引人才的优惠借调政策：借调两年左右，期满去留自愿；借调期间不变户籍、单位、工资关系；借调单位另发临时补贴并根据人才效用向借出单位支付"有偿占用人才费"；借出单位对借调人员的住房调资晋级与其他人员一视同仁并将借用期间的成绩（效用）作为晋级和奖励的重要依据。

"人才信息库"的建立则有助于组织协作攻关，发挥人才群体的效益（参见下节）。

控制人才大致分为德、势、术、法等层次。德控是正向凝聚，势控是制度导向，术控是反向防范，法控是制度防范。

其中，德控包括两方面，即 1. 精神感召，如志同道合：修身齐家治国平天下、共赴国难、兴办实业、甚至乌托邦式的"崇高使命"或宗教狂热等；又如尊师敬长、礼贤下士、结义认同、以身作则、识人善任、真诚待人、充分信任、祭奠英烈、载入史册等；2. 给予实惠，如均分所得、先人后己、奖勤赏功、招亲纳婿、封妻荫子（现代术语是"解决家属子女的就业问题"）等。

势控也包括两方面，即 1. 文化氛围，如独尊儒学、提倡协调、正名循礼，使得下属人才根本不去考虑自立门户和取代上级；2. 立下定规，如最高决策者可以用自责和撤换第二级亲信来作为决策失误的惩罚，继承者也不必是最少失误者，而可以是依照固定程序选定的人员，从而预防接近最高决策者的第二级决策者为了成为最高决策者而制造动乱、假公济私，也预防最高管理者由于疑人偷斧（夺权）而任用奸小、制造冤案、草菅人命。

术控包括三个方面,即1. 最高管理者自身应该胸有城府、深藏不露、理智重于感情等;2. 对于被管理的人才可以分别牵制、设置疑兵、不使了解全局等;3. 建立相对独立的信息收集渠道,"张天地之网",从而预防有关人才"吃里扒外"、"夹密自用"、甚至"携款潜逃"。

法控也就是通常所说的法制,不仅用来处理人才的违法问题,也用来处理其他人的违法问题。

由于人才具有开拓与创新意向,往往不愿"依附于人",又由于人才的智力较高、知识较多,所以控制人才是一件很困难的事情。一般说来,除非最高管理者本人就是第一流的人才,就很难只靠最高管理者一个人或其亲属来控制人才。因此,本身才智平平的最高管理者不宜使用术控,也较难在法控中获胜。首要的选择应是德控,其次是势控。否则,就不得不只使用那些较易控制的人力(不是人才,更不是人杰),甚至只使用人怜(残疾人、妇女、儿童等)或人渣(如黑社会)。这也就是"武大郎开店"的情况。

## 第五节 群体管理:人际与层际、结构与整体

群体管理是为了协调操作人员与操作人员(人际)、管理人员与同级管理人员(人际)之间的关系,以及为了协调操作人员与管理人员(层际)、管理人员和上下级(层际)之间的关系和比例从而提高群体综合的有效生产量或降低无效消耗量而进行的程序制定、执行与调节。如果不限于传统意义上的"经济技术管理",那么群体管理还包括提高综合覆盖度和降低游离覆盖度,以及提高有益生态率和降低有害生态率(参见第一章第二节公式(1-7)),从而维系社会系统的正常秩序,以保证个体生存和群体延续。

群体,就是两个以上而且相互之间的个人覆盖度(参见第一章第二节公式(1-7))不等于零,即相互作用并且彼此知觉有关作用的人的集合。严格说来,动物也可组成群体,因此人类群体的"相互作用"至少应包括"口声语言"、"符号性哑语"或"文字"中的一项,而不能仅限于"姿势、目光、点头或摇头、拍拍背、皱皱眉、爱抚或侮辱"等等。

群体可按照平均覆盖度(与群体特征相关的全体成员的个人覆盖度之和除以成员的总数,个人覆盖度等于某一个体在一年内与其他个体相互作用时间之和除以全体成员生存时间,参见第一章第二节公式(1-7))的大小分为小群体(非正式组织,参见第五章第四节)、基层组织、区域组织、民族、国家、文化圈、外交圈等层次。愈是高层次的群体,其平均覆盖度愈小——其个人覆盖度只计入与群体特征相关的部分,而其成员总数却大大增加。

例如基层组织的特征往往在于一定的规范性行为(如公则、规程等,参见第五章第四、二、三节),因此"相互作用"往往以"从上向下"的单向作用为主,即以组织首领或管理人员的作为综合覆盖度一部分的个人覆盖度(宣讲、示范、纠偏等)为主。但在小群体中(其上限大致是15~20个人左右,一般都小于这个上限),所有成员能够在一定时候以直接的个人关系相处,如家庭、邻里、体育队、生产班组、委员会成员、同一个班的若干学生、同一个礼拜堂的若干教友、甚至沾染了同一种恶习的若干村民或市民,等等。因此,小群体的平均覆盖度必然较大。由于人类是合群的动物,小群体的形成往往是自发的和不可避免的——尽管工业革命(参见第二章第二节)之后,机械化、自动化和专业化的大批量生产系统常常排斥工作中的"群体"(装配线上的工作被物理地分割、作业噪声使人难以交

谈），然而小群体却在午餐休息时或班前班后发展起来，并对整个组织的生产率产生影响。随着信息文明的兴起（参见第七章第一节），小群体将更进一步对生产、建设和经营产生影响。

群体管理包括基层群体管理、上层群体管理以及层间（级差）转换及协调的管理等内容。每一项内容都包含相互信任、相互了解（微妙性）和相互配合（亲密性）这三项必要条件。

基层群体管理可归为"分而治之"与"合而均之"两大类型。前者鼓励差别，奖优罚劣，严格说来以突出个人为主，并非提高群体功能，仅在工业化初期或中期有其积极意义，多盛行于欧美等个人本位的文化圈中。后者鼓励合作，同甘共苦，近些年来因日本的成功而举世瞩目。

有两个典型事例。第一例涉及日本女工反对美国经理实行计件付酬。几个女领班一起向经理表示："尊敬的经理，我们如此冒昧直言，真是不好意思……我们厂的报酬制度为什么不能象其他日本厂家一样？当您雇用一个新女工，她的起点工资应当按她的年龄来决定。十八岁的女工应当比十六岁的女工挣得多。在她每年生日那天，厂方应当主动给她长工资。认为我们中的哪一个人会比其他人生产得更多的想法一定是错误的。因为要不是全厂的其他职工首先把他们的活做好，我们最后组装工序的人谁也不能完成什么活计。挑出任何一个人来，说她产量最高的做法是错误的，而且对我们每个人也是个耻辱。"（美国经理后来把工资制度改成了日本方式，否则女工们就罢工。）

第二个事例涉及日本工人反对美国经理对合理化建议的提出人进行奖励的制度，无一人提出建议，直到经理询问，回答是："没有人能够单独提出改进工作的方法。我们在一起工作，其中任何人所提出的任何方法实际上也是由于观察别人并和别人交换意见的结果。如果把建议归功于我们之中某一个人，那是会使我们所有的人都感到难为情的。"（美国经理后来改用集体建议制，奖金发给小组，结果建议书及革新意见如雪片飞来。）

这种带有平均主义色彩的群体管理对于高层次人才创新（参见上节）不一定有利，但对于分工合作的基层生产或经营来说是有效益的。一个人可以发明避雷针、电灯或设计流水线；但是一个人不能独自造汽车，一个人无法独自进行银行交易。

从日本的经验来看，"合而均之"的"集体价值"不仅仅是一种平均主义，而且包含着对于差别的尊重，可以说是一种"级差得兼公正"的管理。例如人们并不象欧美一样试图抹杀年龄（工龄）或性别差异，对于地位（职务）差异更显出"敬畏与服从"。其中的关键，在于"级差"的形成（层间转换的管理）对于群体内的成员来说是相对公正的——日本企业通常对新雇员实行10年左右的长期考察或"培养"（参见上节）才给予正式评价。在这之前，即使某人承担了比较重要的工作，也与其他人一样按照年资或年功晋级。这样就减少了短期见效、哗众取宠的行为。经过这种"日久见人才"的选拔所形成的"级差"，比较易于使下级肃然起敬。从整体来看，这确是一种"均"——按其对有效生产量或实现效益量的贡献来"均"分所得（$C_{1i}$的个体贡献大于$C_{2i}$的个体贡献，参见第一章第二节公式1-5）。

上层群体管理也可分为两类：明确分权与模糊分责。前者在事先就把综合的模糊目标提炼成可衡量的业务指标，例如"贷款金额应增加多少"、"经济成本在下月能降低百分之几"等等；后者则要求每个管理人员都了解并理解本群体的总体目标或"宗旨"，例如"在各种竞争条件下如何谋求本群体的生存"，"如何获得发展"等等。日本企业常采用后一方式，以求管理人员在不寻常或新的情况下能够订出适合当地社会经济情况的指标，即"从模糊的整体宗旨相机（系统权衡）地制定明确的局部指标"，然后再为之奋斗、不断调节，从而促成总目标的实现。为此，日本管理人员常被纳入上层小群体，以增进相互信任、了解与配合。日本企业办公室的典型布局是在没有任何隔断的大房间内放着不同科室干部及秘书的桌子，处级首领的位置很象是教室里老师的讲台。这种非常公开的工作方式往往使得这间大房内的人们自然形成小群体。

上层群体管理的一个普遍趋势是从个体决策发展为集体决策。集体决策在欧美与日本也有所不同。

欧美的标准化程序是：不超过八至十人的小组围坐在一张桌子的周围讨论问题并提出可供抉择的解决方法。其中应有善于求同存异的领导人使根本性的分歧得到建设性处理。最后的"一致"意见应使每个小组成员能向其他成员坦率地说出三句话："我相信你已理解了我的观点。""我已理解了你的观点。""不论我是否同意这个决定，我将支持它，因为它是通过公开和公正的方式作出来的。"一些证据有力地表明：这种方法比个人决定更能作出创造性的决定，并能更好地贯彻执行。

在一些日本企业中，重大问题的集体决策则涉及 60～80 人，而且初始的书面方案交给有关职能部门中最年轻和最新的成员去拟订。这个年轻人可以向每个领导人征求意见，但很难揣摩上级意图，因此必须添上自己的想法。经过讨论推敲而写成的正式方案从组织机构的底层一直传阅到高层领导。在每一阶段，由有关经理在文件上盖章表示同意。这种"禀议过程"终了时，方案上盖有 60～80 人的图章。

上述两种集体决策的差异可从美日互评中看出——美国经理们认为"如果你去日本做一笔交易或者签订一个合同，倘若你认为只需两天，就得预备两周。运气好才可能得到'也许'的答复。日本人做个决定需要无限长的时间。"日本人则认为"美国人签合同、做决定都很快，可是让他们履行合同呢——美国人需要无限长的时间！"

层间转换及协调的管理除前述的"升层通道"、"考察期长短"等"转换"问题之外，"协调"的管理主要是"愿意与他人协调"和"有能力与他人协调"这两个问题。

前者与群体凝聚力相关，常常要利用人类追求平等的心理。除了相对公正的升层机制之外，在管理人员和被管理人员之间还可以在一个短时期内改变相互关系的性质（"互换帽子"），以缓解级差所造成的紧张情绪并恢复心理平衡。例如：在体育活动中，上下级都以平等地位进行竞争；在郊游之中，由于地理环境远离工作地点，人们也可偏离日常的服从心理定势；在酒会或聚餐时，职工可以在稍有醉意的幌子下指出上司的错误并提出一些平时不便说出的意见。人与人之间的关系不仅是通过单一的工作关系而是通过多种纽带相互联系。亲密无间的关系往往可以防止自私和不诚实的行为，并使每个人的真正能力和工作表现得以充分显示。

至于"有能力与他人协调"这个问题，日本企业常通过非专业化的培养方式来解决。也就是说，对于新雇员，除了第一年的见习之外，其余九年左右的时间都是在部门之间以及在总部与基层之间轮换地担任不同种类的工作。这样培养出来的干部往往熟悉各种小群体，或本身就是若干小群体的成员，因此比较易于在层际之间建立起信任、了解及有效配合；也易于在同层之间相互信任、了解及配合。日本企业中几乎每个部门都有人了解本组织内任何其他部门的人员、存在的问题和程序，所以很易于在必要时互相合作。无论对于干部还是普通职工，由于每个人都知道他在终身职业中将被调动于各种职务、业务、地点、国内外之间，所以不得不以整个企业的观点去与企业内的任何人合作。今天来要求给予协助的别的部门的人，明天可能就是与之共事的人，甚至还可能是他的上级。

既涉及不同层次又涉及小群体的管理往往把"不平等"诉诸于群体之外，以求得群体内的相对平等。

例如由顾主不公开"递红包"所造成的收入不平等可诉诸于群体之外的顾主。

再如科研群体的"金字塔形结构"：高层次人员往往既有较高学历又有较高级别，中层次人员则或有较高学历或有相应级别，而低层次人员（包括辅助人员）则在学历与级别两方面都较低。由于"学历"和"级别"通常由群体之外的因素决定，所以群体内部的实际上的不平等不易引起人际关系紧张。所谓"金字塔形"，是指高、中、低之比约为1：2：4（或1：3：6）。

非小群体的"结构"问题，如研究人员、技术人员、管理人员之间的比例（职类结构）；研究人员中主导学科、计算机、辅助学科人员之间的比例（专业结构）；同一学科中具有敏锐、推理、动手特长人员之间的比例（智能结构）等等，则已逐渐纳入总体决策、局部规划、或具体调度（参见第三章第一、第四章第三、第五章第三节），它们与群体管理（重在人际、层际）有所不同。

应该指出，群体管理所涉及的人与人之间的社会行为，是在一定的资源约束及需要牵引的条件下所形成的文化行为（参见第一章第一节图1-1），因此，比较难于具有普适性。

例如，上述的长期考察和多样经历的前提是终身雇佣。日本企业大多以终身雇佣为目标，一个雇员只要不犯重大刑事罪就不会被解雇，这对社会治安很有助益——减少犯罪及违规，这也使得大多数企业不会雇佣被解雇的人员，其结果就是使得每个组织的成员趋向于在组织内部寻找信任、了解和配合，与企业共兴衰。然而终身雇佣不但以临时雇佣（主要是妇女）为补充，而且要求雇员与雇主共担风险——半年发一次红利，企业亏损则少发甚至不发。终身雇佣还使得受雇于卫星企业的雇员终生低人一等，他们要与企业一起承受大企业转嫁的风险及老弱人员——日本的大企业和卫星公司形成相当牢固的双边垄断关系。整个社会也因此而具有强烈的等级化倾向——大企业通常只招收名牌大学的毕业生，能否考入名牌大学又往往取决于中小学，甚至幼儿园。于是，人们力争在孩子幼年就为他们买下一个良好教育。虽然金钱不能保证孩子将来一定考进大学，但如果孩子确有能力，那么金钱就能使这孩子的能力得到最充分的发挥。而那些在条件较差的情况下起步的孩子"可以预见到只能进入一般大学、在卫星企业工作、55岁退休后去开面馆或是搬到儿子家里去住"（大企业退休人员常被安插到卫星企业）。

对日本人来说，公立大学的竞争性并不比美国人的企业竞争更不平等，因为人们在成绩面前毕竟是平等的。

而在美国人看来，"全面机构"（参见第五章第四节图5-3）内的整体关系是一种变态的东西，只限于监狱、精神病院、修道会及军事单位；而日本文化中的"武道"（源于封建城堡系统）和"苦道"（源于佛学）正是与这类单位相类似的变态。因此，美国的雇员决不愿因为雇主经营不善而分担辛苦，社会上不允许把妇女作为劳动后备军，而且任何企业都不会心甘情愿地充当卫星企业，大企业也不会对于"卫星"十分放心。双方都会指责由于垄断关系而让对方赚了便宜,从而要求第三者参与竞争,并在双边之间订立有第三者存在的公证、合同、审查制度等等。大多数人都宁可在竞争中被淘汰,不愿作为"卫星"而苟存。

## 第六节 档案(数据库)管理:收集、加工(滤波、复原、编码)、储存、取用、更新

档案(数据库)管理是为了给人类行为的程序制订及调节(参见第一章第一节"管理"概念)提供基本数据和决策参照(参见第三章第五节)而进行的信息收集、加工(滤波、复原、编码)、储存、取用和更新程序。

档案(数据库)是序化的备用信息,而信息是事物(个体、群体、事件)或现象(事物的动态)的质或量(参见第五章第二、三节)的区分。在特定的事物及现象集合中被区分出来的事物或现象越多,信息量越大。(在信息论中,信息量可表为"负熵"。熵是热力学系统中不同热力学性质的粒子集合的难区分程度或混乱程度,因此负熵是一种可区分程度。)

("个体"之所以被识别区分出来,是因为它与空间背景有差异,并且在可识别的范围内占据有限的空间——既不是不占空间,也不占有超出识别范围的空间。通常用"专有名词"与个体"一一对应",即一个"名"只表示一个个体,例如太阳、月亮、地球、黄河、孔子、孟子、刘邦、张良,等等;此外,时间和地点也是一一对应。"群体"是一个以上的具有共性的相似个体的集合,用"类别名词"来与这些个体进行"一多对应",即一个"名"表示许多个体,如男人、女人等等。共性越多,类别名词外延所涉及的个体越少,如小伙子比男人所包括的个体少。"事件"所占空间难以判定,但能够被人们识别,也用类别名词来表示,如光、声、力、热、梦、风、雨,等等。事物的动态则用"行为动词",即可以用感觉器官识别的特征较明确的动态来表示。)

"事物"的大类区分是:无机物、有机物、生物、植物群落、动物群体、人类社会。

"现象(即事物的时空变化)"的大类区分是:物理现象、化学现象、生命现象、动物行为、人类行为(参见第一章第一节图1-1)。

以上两个序列中的后项都以前项为基础(组合、食物链或进化);所有各项都可进一步加以一级级细类区分。

目前的档案(数据库)主要是关于人类的经济和社会现象及相关事物的序化信息。它们涉及其他各类现象及事物(因为"人类行为"项是最后项),但并不是包括全部细类,而是只包括与人类社会相关较密的类别——可被人类利用的资源(生物、矿物、景观、信息、土地、水、海洋及空间资源如太阳能、风能、潮汐能、无重力空间等)、人类生存的基本的生态环境(尤其是人口密度和植物群落如森林、园林)以及人类开发、分配利用资源和保护环境的现象(技术经济行为)。

从经济发展的系统权衡趋势(参见第七章第一节)来看,档案(数据库)将越来越多地涉及社会文化行为(参见第一章第一节图1-1)。早期的人事档案(如汉代未央宫出土的皇家档案和明代的"黄库")除记录族谱之外,大多带有经济性质,即按人口征税,或按地位分配资源。另一方面,被载入"史册"中的事物及现象(史实),含有许多社会文化信息,值得加工整理并进行序化。这是文书档案中最重要的内容。

应该指出：知识是有组织的信息，其序化程度一般小于档案或数据库，但是其概括程度或信息之间的相关程度大于一般的档案或数据库。正因为如此，人类主要通过知识而不是通过档案或数据库来熟悉事物或现象（参见第七章第三节）。概括使人易于以简驭繁、易于学习掌握；信息相关才能拟现事物或现象的原貌。

另一方面，与信息相脱节的"理论知识"不宜"过于高深"，否则也无助于人类理解真实的事物和现象。因为，知识的基础是可确认事实，即用专有名词或类别名词与行为动词及时间地点组成的句子；这样，多数人才能够根据亲身见闻或文献记载来判断有关句子是真还是假。与此不同，用专有名词或类别名词与心理动词及时间地点组成的句子，就比可确认事实更难取得多数人的共识——它不象可确认事实那么"客观"——"心理动词"是可以用中枢识别或内心体验，却不能用感觉器官识别的动态，如爱、恨、喜、怒等等；因此，用心理动词作谓语的句子只是"可承认事实"。不过，可承认事实比广义事实较易取得多数人的共识——当事人可以通过自己的体验来对有关事实加以承认，或者加以否认；从短期来看，可以根据统计上的多少来确定其"个体客观性"；从长期来看，可以根据历史淘汰的结果来确定其"群体客观性"，例如喜爱不利于生存的环境或行为，会导致有关群体逐渐衰亡。

（广义事实是缺少时间或地点的可确认事实和可承认事实，以及虽有时间地点却无法加以肯定或否定的句子。总之：不是事实却被当作事实来使用的句子。例如用重设名词、虚设名词、或影子名词作主语，或用广义动词作谓语的句子。"重设名词"是借助专有名词的外延〈个体〉、类别名词的外延〈群体或事件〉、或这些名词本身来进行定义的名词，其外延不是可识别的个体、群体或事件，而是人类对于已知个体、群体、事件、或其语词的操作结果。例如"方向名词"东、南、西、北等等，是选择了参照地点之后得到的结果。再如"过去"、"未来"等，是选择了参照时间之后得到的结果。又如"度量名词"长度、速度、温度等等，是在已知个体或事件中选择了测量单位并用测量单位与被测对象相比较〈计算〉之后所得到的结果；数目本身也是测量的结果。它们既不是专有名词，也不是类别名词——"操作"不宜作为"共性"，因为其中涉及"第三者"。例如任何个体都不能被称为"1点70"，必须借助于长度单位"米"〈"第三者"〉，才能说某人的身高是"1点70"。"虚设名词"大多是哲人们自造的名词，它们的外延既不是世上的任何个体、群体、或事件，也不是人类对于个体、群体、事件、或语词本身的操作结果——它们"一无对应"，例如"道"、"逻各斯"、"上帝"、"自我"等等。"影子名词"是对于已有名词加上感情倾向而另取的重复名词，例如，有的学者为了用自己的感情来增加"选举代议组织"的合理性，就把它称为"民主制度"；有的学者为了用自己的感情来减少"已经分层社会"的合理性，就把它称为"男性统治社会"，等等。"广义动词"是仅仅指出动态，却缺少特征的动词——不仅不能用感觉器官识别，而且难以进行中枢识别或内心体验，例如"变化"，只是指被识别的单一整体的后期状态与先期不同；再如"作用"，只是指被识别的一个以上的个体、群体、或事件相互关联。）

档案（数据库）可分为财物档案（数据库）、人事档案（数据库）、技术档案（数据库）、文书档案等四大类。其中各类又可进一步细分，如财物档案可分为物资、设备、活物、基础设施、财务（参见第六章）等；人事档案可分为家族、干部（官员）、专业（如科技）人员、劳动力、户籍、人才（参见第七章第二至第四节）等；技术档案可分为资源、专利、工具设备、工程（工艺）设计、生产（施工）实施中的规程及调度定额和最后结果（如质量、数量、竣工图说明书）等（参见第五章）；文书档案可依重要性分为史实、法规、决议（如文件、条约）、建议（如会议记录、论文专著）等。

其中，作为财物档案中的设备档案与作为技术档案中的工具设备档案有所不同，前者侧重于已有的生产要素组合的结果（有效生产量），后者侧重于将有的一个生产要素（如工具权重，参见第一章第二节公式 (1-4)）。此外，在文书档案中，重要决策者的言论有时单列一类，其原因在于这些言论的重要性不仅大于一般的会议记录或专著论文，有时甚至大于某些决议或法规——它们对人类行为常产生十分重要的指令作用。

所有各类档案都是记录已存在的事物或已发生的现象，但却不是也不可能记录全部已存在或已发生的事物或现象。因此，必须通过档案（数据库）管理来收集那些具有保存价值的信息（参见上述各类）。另一方面，某类信息是否具有保存价值，也是随着经济及社会的发展（参见第二章第一及第七章第一节）而变化的。例如早期人类最重视的财物（化物为奴）及文书（共有图腾）信息中，前者已从以消费品为主，逐渐转向基础设施和工具设备，并分化出技术信息；后者则扬弃为皇朝世系、家谱，并逐渐转向有政绩的官吏及其他人才，分化出专类的人事档案。

从现代来看，大多数相对独立的管理机构（参见第五章第四节）都设有财物档案和人事档案，在较大的经济实体中设有技术档案，而文书档案则只在国家档案中才占有较重的比例。

从发展来看（参见第七章第一节），技术档案和文书档案将对经济管理具有越来越大的参照价值。这是因为它们的有效期一般都大于财物档案和人事档案。后者的短期效用较大，但有效期较短。财物档案的保管期顶多是二十年（二十年前的失误甚至犯罪通常都不予追究）；人事档案（世系家谱及人口统计除外）通常不超过五十年（五十年前的人才、劳动力等通常难以复壮）。技术档案和文书档案则可能具有长期的甚至无限期的效用。例如技术档案中有关水文、气象、地质、植被等资源的部分，其形成时间愈早，就愈加珍贵，对系统模拟及预测（参见第七章第一节）具有重要的参照价值；再如建设竣工图和产品说明书，不仅在有关设施或产品的使用期间对于维护、修理、改建、更新（参见第六章第二至第四节）来说必不可缺，而且可能对同类的新设施或新产品具有参照价值。文书档案的某些部分甚至比技术档案更有长效。最早的文字记录如甲骨文、泥板文等几乎是字字玑珠；早期的史实（如《尚书》）和法规（如《周礼》）至今仍未失去其文化行为（参见第一章第一节图 1-1）的参照价值。人类行为及其指令是一种积累和扬弃的结果，现存的大千世界中包含着渊源古老的行为和动因，真正"现代"的指令（如科学指令，参见第七章第一节）在人们生活中所占的比例并非象缺乏文化人类学知识的人所想象的那么大。正因为如此，文书档案所记录的时间参照（见第五章第三节）对决策者来说具有不可低估的价值。

确定了被收集信息的类别之后，就要确立相关制度以保证有关信息记录在案。例如财务、人事、户籍制度等等；又如技术文件材料（如图样、照片说明书、明细表）的保管制度、记录重大事件的文史制度以及法规、文件的保管制度等等。这些制度使相关信息得以保存和收集，但是它们并不直接构成档案（数据库）。只有对它们进行筛选（滤波）、鉴定（复原）和序化（编码）之后，才能形成档案。其中，筛选、鉴定、序化是通俗用语，滤波、复原、编码是信息加工领域（无线电通讯技术、图象处理技术等）的专业用语，后者的技术内涵更为明确。

筛选信息的标准（滤波器设计）通常都依有关信息对人类社会的重要性而定，即依"益、害、耗"的数量级（参见第一章第二节公式（1-6）），或依"合、离、闲"的程度而定。（"合"是异域整合，其强度为综合覆盖度，即第七章第五节所述"个人覆盖度"总和之中与整合特征相关的部分；"离"是游离异动，其强度是游离覆盖度，即个人覆盖度总和之中违背整合的部分；"闲"是个人闲暇，即与"合"、"离"无关的个人覆盖度以及自我娱乐陶冶或麻醉，如琴棋书画或吸毒等。）

例如，将 200 元以上设备归档，是因其有益生产量较大；将重大火灾通报，是因其无效消耗量较大。又如，只把已执行的技术程序（参见第一章第一节"管理"概念及第五章第一节）及相关图片报表作为档案，而把为了参考目的收集复制的技术文件材料作为一般资料，是因为只有前者贡献于有效生产量（即 $C_i$，参见第一章第二节公式（1-4））。再如，《史记》中"本纪"为第一，是因帝王们的综合覆盖度较大；在"世家"（第四）中既包括名相重臣（含封臣），也包括陈涉，是因为后者的游离覆盖度较大。"世家"中列入孔子，而把老子、庄子、韩非子等归入"列传"（第五），则是根据《史记》作者司马迁所处时代的标准来进行信息筛选。（《史记》第二、三部分是"年表"和"八书"，年表相当于现代按日期序化的"大事记"，八书是礼、乐、律、历、天官、封禅、河渠、平准，其中的历书、河渠书、平准书中的天文气象、水利工程、度量衡标准化等资料，至今仍具有技术参考价值。）

鉴定信息的目的是去伪存真（复原）。在信息收集和筛选过程中，难以完全避免干扰（噪声）和失真（畸变），因此在条件许可时应设法去除噪声并将畸变复原。

信息鉴定复原有赖于相对独立的信息收集渠道及参照信息，这正如财务监督常须从职能机构和审计机构两方面进行（参见第六章第六节）一样。在某些情况下，还需要更为特殊的鉴定或监督机构，如法律系统中的侦破机构等来进行侦察、判定，使"真相大白"（复原）。例如，通过遥感调查曾发现 1983 年北京郊区少报农田种植面积，又如通过组织专业人员调查曾发现 1986 年福建林区少报木材产量。这一类"平行通道"的运用可以大大减少信息干扰和失真。虽然"双重通道"会减少供养比（参见第一章第二节公式（1-7）和（1-8）），但对于信息文明（参见第七章第一节）来说，由此导致的经济效益（参见第四章第一节、第五章第一节及第六章第一节）和社会效益将大大提高保障比积。这正如早期的同域分层虽然增大了受养人数，但分化出来的管理人员使有效生产量大大提高，从而使临界系数的增长快于供养系数（参见第一章第二节）。

信息编码是按照档案的大类、细类、时间、序号的顺序对每一项被筛选、鉴定过的内容进行编号。

大类及细类编码可以参照图书编目的程序，大类多采用一个英文字母，细类采用数字；时间编码依各类内容分为朝代或时代（百年以上或十年）、年代、月、日、时（如某些数据库）；序号编码常依归档的先后，例如同一年代的若干份竣工图，最先筛选、鉴定并归档的案卷，其编号为"01"或"001"。（"1"之前的零的个数依机构大小及预估案卷多少而定，如一个零表示预估的年度案卷份数一定不会多于 99 份，二个零则其上限为 999 份。）

除此之外，编码的最后还可附加一位或二位数字用来表示重复的份数或/和重复份数的序号（重要的和使用频繁的档案，可以根据需要，复制一份或若干份副本，供日常借阅使用）。附加数字常用冒号或连字符与编码主体分开。

在上述编码程序中，比较复杂的环节是作为"细类"编号基础的细类划分。以技术档案为例，某钢铁公司曾将全部基本建设档案按照10万个流水号来编码，由于检索、取用困难，某项工程开始勘察工作之后，才又找到几十年前的原勘察档案，不仅浪费了4000余元，还拖延了开工日期。如果把"资源（地质勘察）"和"施工（建设）"列为两类（参见上文），再按"时代"进行检索，那么就能发挥档案的作用。（该公司除未分细类外，也未按时间编码。）

一般说来，"资源"应按地域再分类。各域还可分为自然地理、经济地理、行政区划等，自然地理中又可分为地质图、土壤图、植被图、动物分布图等。对于较小的特定机构如钢铁公司来说，可能只为地质图建类。

"施工"或"基本建设"应按工程项目及专业分工再分类，如首先分为厂矿、商贸、机关学校住宅、路桥、水库等项目，再分为建筑、结构、采暖、通风、给排水、电器、施工组织等专业。各专业还可再分，如结构分为砖石、木、混凝土、钢、玻璃及特种结构等。

"生产"与"施工"有所不同（参见第五章第二节及第六章第七节），常按产品类型分类，如食品、纺织、机械、电子等大类，再分为不同细类规格型号。如机械分为机床、汽车、拖拉机等；机床分为车、铣、刨、磨等；铣床又分为卧式、立式、龙门等。

"专利"或"研究"又与生产施工有所不同（参见第七章第四及第五节），常按"发明"、"实用新型"及"调查论证"分类，再细分为不同专题及作者，专题中的类别则与前述的"资源"（如土壤研究）、"施工"（如设计研究）、生产（如机械专利，又如可行性研究）等大致相符合。

信息储存是将已编码的信息按照机密时效等级及类别分别存放于特定的处所（如科室）、位置（如柜架）及保管单位（如卷、册、袋、盒）；每单位内的信息按照编码中的时间、序号排放。通常，将纸张（含微缩胶卷等）载体称为档案；将磁盘（含磁带、穿孔纸带等）载体称为数据库，数据库的保管单位还可为计算机内的特定存储单位。机密等级一般分为绝密、机密、非密（一般）三种，时效等级一般分为永久、非永久（中期、短期）两种。

信息被储存（即归档或入库）之前，应予登记注册。这与物资管理中的登帐立卡（参见第六章第二节）一样，不仅为了"内部清楚"（知己），也为了"外部取用"（利彼）。登记目录一般包括：信息编码（如档案号）、存储时间、保管单位名称及代号、信息量（如档案张数、磁盘比特数）、完成（初次被收集）日期、来源、备注。为了取用方便，除了将目录分为总目录、分类卡片目录、专题目录之外，还可编制各种索引，如题头拼音字母索引、题头文字笔划索引、作者索引等。（专题目录有时也称为专题索引，其中与地域相关的类别还被称为地名索引。）

信息取用是根据目录或索引将所需信息从档案或数据库中检索出来并加以利用。其管理内容包括介绍（简报、汇编、文摘、宣传）、咨询、协助检索、借出收回、分析统计等。其中，借出收回需办理一定手续，如填写借阅凭据（证、单）、出示证件、注销单据等。分析统计的目的是提高信息管理质量，发挥更大效益。例如对于利用率较低的信息（尤其是新学科）加强介绍。

信息更新是将失去效益的信息剔出或删除。一般说来应编制销毁清单或销毁清册。其内容除登记目录的内容（备注除外）外，还包括清单（册）自身的顺序号、保管期限规定的条款号，以及新加的备注和有关档案室或数据库的机构名称、负责人签章和清单编制日期。一式三份，一份留存，另二份上报。对于涉及机密的档案，一般都应在剔出后加以销毁。

除了档案（数据库）管理之外，信息管理中的"现用信息"对非信息中心的企事业来说都不是序化的，有关管理如"情报"、"通讯"及"法规"等比档案管理更为日常化，并作为质量、数量、物质、金钱、人员管理（参见第五章、第六章、第七章第二至第五节）的有机组成部分（参见第五章第三节表5-1）。至于新闻管理，在我国主要由新闻部门实施。园林部门应通过公共关系（见第五章第二及第六章第七节）增大自身在新闻信息总量中的比例。

## 第七节 园 林 发 展

园林业是经济发展的产物（参见第二章）。因此，要理解园林发展，就要全面理解现代化的两重内容：第一重内容是工业化，第二重内容是整合化。工业化使人们能够"化能量为奴"，用动力机器取代简单机械，主要是向自然索取（参见第七章第一节）；整合化则体现为组织管理，用社会行为渗入日常行为，主要是把人的行为社会化。这两重内容的综合作用结果就是城市化（参见第二章第二节）。现代社会的一个突出现象，就是大城市的形成和发展。机器工业生产给我们的社会生活所带来的巨大变化，在城市中表现得最为明显。

更具体地来看，整合化包括两个方面，一是建制上的，二是精神上的。前者如国家政权建设、社会化的教育体系、抗灾救济体系、环保卫生能源水电交通邮政体系，等等。后者如公民对民族国家的认可、忠诚、参与、承担义务，等等。

对于西欧来说，工业化以商业化为基础，要打开市场，就要扫除封建壁垒，所以迫切要求整合化。另一方面，工商业的效益使之有能力为国家政权建设提供财政支持。这个财政支持不仅包括行政所必须的人员薪饷和物资条件，还包括为了取得公民认同所必须的各种公益事业的开支。也就是说，早期的整合化不仅是商人资产者所愿意的，而且简直就是他们包办的。例如英国，选举代议政治最初几乎被乡绅和贵族把持，随着工业化的推进，到1832年，议会改革使工业资产阶级获得了选举的权力，半个世纪之后，英国的上层集团的很大部分已经不再从事农业了。

然而，政治的商业化只对工业化的意义较大，对整合化的积极作用却很有限。忽视整合过程的经济学主要是处理工业化和商业化中的需求供给效益问题，却在处理整合化的需求供给效益时捉襟见肘。其突出表现就是现代经济学在解决现代化的最重要的问题——城市问题时陷入困境。

城市经济学一直没有形成有影响的学派，有的学者甚至怀疑在现代的知识状况下能否写出一本全面的教材。决策者通常不是根据经济学论证而是以其政治倾向来对城市经济采取干预或不干预的态度。原因在于：如果把工业化的经济过程与整合化的政治过程分开，城市经济就是非常"不完善"的经济领域，即存在着大量的违反市场价格、资源配置、边际收益等理论的"外在因素"。

例如，无论拥有土地所有权还是使用权，都必须符合城市规划的要求，即使在工业革命的发源地英国，城市土地市场也不是自由市场。再如，公共经济（参见第二章第三节"公共产品"）在城市中的规模日益扩大，英国在70年代已达国民生产总值的19%，美国同期城市劳动力的十分之一受雇于各级政府。

对于公共经济来说，较难使用"资源配置的效率"指标，不宜用"每个消防队员的灭火产量"来衡量一个城市的"消防效率"，也不宜用"每个教师的课程产量"来衡量一个城市的"教育效率"。另一方面，消防队员和教师的工资必然要随着整体经济的发展而提高，却不能要求财政支出的增加带来更大的"效率"。同样，公交系统不能为了追求"效率"而在运营高峰期增加票价（参见第二章第四节"均衡价格"），相反，为了减缓整体的交通拥挤，往往要向经常上下班的乘客出售降价月票以鼓励乘坐公共车辆。

所有这些，仅仅是整合化不同于单纯工业化的一部分现象。至于城市规模不断增大却较少出现经济衰退（棘轮作用），更与市场经济的推论不同（参见第四章第二节"适度规模"）。

因此，应该把知行竞争系统和利润竞争系统兼容在一起，在管理决策的过程中履行中庸之道（尽量远离纯精神或纯物质这两个极端，参见第七章第一节），从而均衡推进两重意义上的现代化。

也就是说，当经济发展到一定阶段，如跨过温饱阶段（参见第二章第四节及图2-1）并具备一定的国防实力之后，园林业的发展就成为经济发展的重要组成部分——景观资源的开发，将在信息文明（参见第七章第一节）中占有重要地位，而园林业正是开发景观资源的主力军。正如原始文化重在生物资源（食物）的开发而"化物（工具与火）为奴"，古文明重在土地及水资源（耕作水利以取得有保障的食物）的开发而"化动物（畜力）为奴"，科技文明重在矿物资源（原料、燃料）和空间资源（太阳能、风能、潮汐能）的开发而"化能量为奴"一样，信息文明将重在信息资源（参见第七章第六节）和景观资源的开发而"化信息为奴"（参见第七章第一节图7-1）。

景观是地球上（含能见度不为零的洞穴内及水面下）或空间中一切可被人类视觉（含借助仪器）识别的具有一定边界的有形存在物。景观资源是具有消费价值并且不因为一个或一部分消费主体的消费过程而减少供给其他消费主体的景观。其中，"具有消费价值"是指人们愿意为了经营或/和构造有关存在物而支付劳动，或愿意为了看见（感受）有关存在物而支付代价（金钱、时间等）。景观资源与旅游资源的差别在于：有一些景观资源不允许旅游，如自然保护区；还有一些景观资源的开发不是为了旅游，如家中庭园。

景观资源是已知的各类资源中综合性最强的类别，可从六个不同的维度进行分类：

一、从起源的维度可将景观资源分为自然景观和人造景观两类。其中，自然景观是主要特征（特征参量，见下文）保持原初状态的景观，如原始地貌和原始植被群落；人造景观则是主要特征已经被人类加以改变的景观，如城市和村庄。

自然景观可进一步分为原始自然景观（从未被人类改变过）、次生自然景观（曾经被人类改变过）和开放自然景观（人类仍在其中有活动，但尚未改变其主要特征）；人造景观可进一步分为建筑景观（无植物区域）、园林景观（借靠植物的居住休憩区域）和农耕景观（含人工林）。

二、从空间尺度的维度可将景观资源分为目视景观和借视景观两类。其中，目视景观是主要特征可由人类的肉眼加以识别的景观（最大的是日月星,最小的可分辨阈值约为35～

40 弧秒）；借视景观则是必须借助技术（如摄影、图象处理、显微等）才能识别主要特征的景观（如星云、卫星云图、微雕、遗传基因等）。这两类都可依尺度大小进一步分为细类。

三、从时间跨度的维度可将景观资源分为历史景观和当代景观两类。其中，历史景观是主要特征显示了时代变迁的景观（如第四纪冰川遗迹、长城、古树、古城堡等）；当代景观则是主要特征与时代变迁较少相关的景观（如新型建筑、公园、农田、活火山熔岩等）。这两类都可依时间跨度的大小进一步分为细类。

四、从空间结构的维度可将景观资源分为简单景观和复合景观两类。其中，简单景观是主要特征体现于一种类型的景观（如草原、日出、雕塑、楼房等）；复合景观则是主要特征相关于多种类型的景观（如公园、植物生态群落、历史名城等）。复合景观可依空间结构的复杂性进一步分为细类。

五、从时间结构的维度可将景观资源分为定时景观和历时景观两类。其中，定时景观是主要特征只与单一事件相关的景观（如日出、燕太子丹送荆轲的易水边、项羽自刎的乌江边等）；历时景观则是主要特征相关于若干事件的景观（如长城、西安、北京等）。历时景观可依时间结构的复杂性进一步分为细类。

六、从资源分布的维度可将景观资源分为常见景观和稀有景观两类。其中，常见景观是主要特征在较大范围内都可见到或易于造出的景观（如日出、农田、小型建筑、小片植被、微雕、微生物等）；稀有景观则是主要特征只能在特定区域或很少的区域中才能见到的景观（如长城、深于 2000 米的峡谷、高于 3000 米的城市等）。这两类景观都可依稀有程度进一步分为细类。

每一个景观资源，都可以从上述六个维度进行分类。也就是说，每一个景观资源，都是六维代数空间中的一个点。将每一个维度加以数量化，就可以确定处于这个六维空间中某一特定点的景观资源的质量（见公式（7-1））。

$$V = \sum_{i=1}^{m} W_i * X_i * V_i \tag{7-1}$$

其中，$V$ 是景观质量，$m$ 是被筛出的参量的数目（$m$ 暂定为 6），$W_i$ 是第 $i$ 个参量的权重（等于二分之一的 $i$ 次幂，参量顺序见下），$X_i$ 是第 $i$ 个参量的稀有度（同类景观的世界之最为 100，偏远村落都可见到的景观为 0。如长城为 100，普通家居围墙为 0；又如红海口吉布提的类海底活地貌为 100，普通坟头状土堆为 0），$V_i$ 是第 $i$ 个参量的取值。参量顺序为：

1. 占空度，如人造景观中以长城的占空度为最大，自然景观在地球之上以太平洋为最大，但后者稀有度小于长城。

2. 占时度，如人造景观中以早期遗址的占时度较长，地球上较稀有的自然景观中以第三纪峰林和第四纪冰川遗迹的占时度较长。

3. 客观的空间复杂度，取决于景观范围内的单元数和连续性，以及最佳视野范围内的类别面积复合比（参见第一章第二节公式（1-3））。

4. 时间复杂度，取决于自然史、人类史、史书传说小说中的事件数、人物数、连续性及知名度。

5. 技术复杂度，对于继承、借鉴与自创技术进行加权平均（真正的创造性同时增大稀有度）。

6. 文化复杂度（主观的空间复杂度），对于宾至如归的文化兼容性与异地风情的文化稀有性进行加权平均。

景观资源的经济价值可利用公式（7-2）估算：
$$J = V * S * N * A \tag{7-2}$$
其中，$J$是景观资源经济价值，$V$是景观质量（见公式（7-1）），$S$是生态适宜度（$S=L/H$，$L$是一年中景观区域内人数最多的60天中的绿面时间比。$H$是单位体积的空气和水中的加权平均的有害量），$N$是能耗等级（交通服务和语言服务加权平均。等级越高耗能越少。本国首都或首府中心交通站港为100，偏远且人力登高4000米以上或潜海10米以下为零。旅游线上各互补景观的能耗等级都依线上景观数目的多少而相应增加），$A$是安全系数（自然灾害与人为灾害加权平均，含地震台风火山水淹、沙漠迷路、泥石流、战争、刑事罪犯等）。

因此，景观质量及其经济价值象土地质量（如立地等级）、矿物质量（如含量、杂质、丰度）、水质（如酸碱度、含沙量）及其经济价值一样较易于评估。用来评价景观质量的各个参量，以及用来评估其经济价值的各个因子的取值及其对评估结果的影响可对已开发景观的发展给出导向，或对尚未开发的景观的经济潜力进行预测。

园林业的主体成分是园林景观或人造的以植物为必要成分的景观（参见第一章第一节），如城市中的绿地、行道树及大多数的公园景观（极少数保持原貌而无人为干预的公园除外）。人文景观则是人类除园林业之外的社会行为和技术行为（参见第一章第一节图1-1）造成的景观，如古遗址及古今中外的各种建筑（含道路、风车、桥梁等）和各地习俗风情。园林发展的趋势是向自然景观和人文景观进行开发。

以自然景观为主的园林服务在早期是以围猎场所的形式向权贵提供（以原初形态向少数探险家提供的自然景观不存在园林服务）。自美国1872年建立第一个国家公园之后，随着人类经济发展，到1990年代初，世界上已有99个国家建立了950多个国家公园，其中大多数是含有植被的园林服务。我国森林旅游业也于1981年正式起步，到1986年已建立10处森林公园及多处旅游点。近年来发展更为迅速，到1993年已建500多个森林公园。目前世界上国家公园数目最多的是美国，共337个，占国土面积3%。不过，按百分比来看，英国的国家公园最多，占国土面积7%（12个）。工业化起步较晚的国家，如西班牙、波兰、墨西哥等，国家公园占国土面积约0.4%。各国的国家公园都是公共产品，不是法人产品（参见第一章第三节）。

应该指出，森林公园与以植被群落为主的自然保护区，对于生态环境的影响是很不相同的。自然保护区不对公众开放，除少数管理人员之外，只有少数科研人员进入，因此不仅保存自然景观，而且对于人类生态环境产生十分积极的影响。森林公园则不同，由于它向公众开放，不仅自然景观逐步遭到人为改变，而且生态效益逐步下降，尤其是森林公园所引起的交通流量增加以及空气污染和垃圾堆集，都对生态环境产生消极影响。因此，从系统权衡（参见第七章第一节）来看，森林公园的发展必须控制在适度范围之内，尤其是不能把本该作为自然保护区的国土面积改作森林公园，不能为了"金钱效益"而损害"生态效益"和"社会效益"（参见第四章）。

到1990年代初，世界上有72个国家建立了650处较大的自然保护区，与国家公园面积合计，占全球陆地面积的2.3%。我国建立了600多处大小自然保护区。到1995年初，已有国家级自然保护区90多处。

以人文景观为主的园林服务源于观赏花卉及树木（参见第一章第一节及第二章第一节）。最初是作为室内外点缀。后来逐渐发展为相对独立的园林景观（庭园、公园、绿地等）。随着工业革命后的城市环境变化（参见第二章第二节），园林服务更以行道树等形式穿插于人文景观之间。

这一发展趋势将逐步导致园林服务与人文景观更进一步密切结合，即通过攀缘植物、垂吊、屋顶花园等形式绿化建筑物的外部；而通过矮化攀附植物、花卉盆景插花等形式绿化室内墙壁及空间。最后形成"绿色城市系统"或"绿色人文景观"。

应该指出，"绿色"只是植物的代表颜色，并非是说人文景观将变得单调枯燥，只有"绿"。相反，对于新建城区来说，应该强调多样化、个性化。不同的城市应有各自的"生态结构"、"生态特征"及"生态相"（轮廓、情调等"触目印象"）；不同的街区可以设计不同的人工植物群落；公园也不妨多样化的风格（如安静型、体育型、智力型、古典式、未来式等等）；而小街景、小绿地、小游园也应该呈现千姿百态。景观资源与食物、矿物等资源的重大区别之一就是非标准化：愈是变化，其资源质量愈高（类别面积复合比较大，参见第一章第二节公式（1-3））。相反，食物、原料和燃料等则是愈少变化，质量愈高（参见第五章第二节）。（作为经济行为主体的"人"，"素质"的高下取决于人文变量的特定组合，通常不用"质量"一词来描述，参见第七章第一节图7-2）。

开发景观资源在更大程度上有赖于科技研究、信息开发和系统权衡（参见第七章第一节）。一项新的科技论证往往就可能确认一处景观的重要价值，例如我国的第四纪冰川遗迹。同样，考古发掘及其他人文信息的开发也常常"化腐朽为神奇"，例如殷墟遗存、秦始皇陵、诸葛亮旧居、孙子故里等等。（关于诸葛亮曾居住过的南阳卧龙岗，至今仍使湖北襄阳与河南南阳各不相让，充分说明景观资源的价值已不下于一片土地或一湾流水。）至于园林景观，则小至遗传信息，大至生态环境，无不处在科研、权衡之列。例如前述的在自然保护区与森林公园之间的权衡，又如在"私人汽车"与"绿房"之间对于继温饱和家用电器之后的"龙头产业"的权衡（参见第二章第四节图2-1），再如对绿化材料及观赏品种的基因资源的开发、生产及服务等。

开发景观资源还与文化行为（参见第一章第一节图1-1）密切相关。在跨过温饱阶段之后，人类的经济发展已更多地与"闲暇时间"及"生活方式"相关，而不是受制于环境、资源及人口的压力，不再因压力而缺少选择余地。

经济发展必然导致闲暇时间增多；而闲暇行为主要是文化行为（参见第二章第四节）。因此人类的福利需要（参见第一章第一节"经济"概念）就必然与生活方式相关。所谓生活方式，就是生存时间中不同组分的构成方式，或各类时间的比例关系以及消费构成。生活方式由生理方式、劳动（生产）方式及文化方式组成（参见第一章第一节图1-1）。其中，生理方式因各地气候、营养条件不同而在睡眠时间、饮食次数、性交频度等方面有所不同；并受到劳动方式与文化方式的影响。劳动（生产）方式因经济发展的水平及整合模式（参见第二章第一、第二节及第七章第一节）的不同而有所不同，其中，整合模式受到文化行为的影响。文化方式则因文化发展的水平（参见第二章第一及第七章第一节）及语言文字、思维方式、观念价值的不同而有所不同。其中文化发展水平及观念价值受到生产方式的影响。

对于一定的经济发展水平来说，劳动（生产）方式相对规整（即个体方差相小，如八小时工作，每周五天或六天，等等；参见第七章第一节图7-2）。因此，生活方式的不同就主要体现在生理方式与文化方式上，即体现在生理需要时间、必要教育时间、群体关联时间（宗教礼拜、政治集会等）及闲暇时间（后三者构成文化方式）的比例关系及消费构成上。

据统计，日本国民的男性生活方式在1950年是38.7：36.8：23.5（即生理需要时间占38.7%，劳动时间占36.8%，其他时间即文化时间占23.5%；按平均数计算。下同），女性是36.0：40.1：21.9。1980年这两个比例分别为44.3：24.6：31.1,41.8：29.9：28.3（其中"劳动时间"包括家务劳动及上下班时间）。

在特定群体内部，可塑性最大的是闲暇时间，因此闲暇时间是与文化构成及景观资源的开发相关最密切的生活方式组分。据调查，我国退休老人中，脑力劳动者旅游观光、花草鱼鸟及闲谈聊天所占百分比重为24.1、24.1和0.1；而体力劳动者分别为1.8、17.9和8.9；显示出文化构成对闲暇时间的密切相关。再如我国公园内建筑占地比例在大陆约为5~10%，在台湾更高，而在欧美各国，多在1%之下。显示出文化差异与景观资源开发的密切相关。

总之，园林发展不但将随着经济发展的水平而逐渐崛起，而且对于科技研究、信息开发和系统权衡（生态、经济、文化的协调）提出了新课题。它将不仅涉及质量数量及物质金钱的管理，而且尤其重在人员信息的管理（参见第五及六章和本章以上各节）。

# 第八章 计算机辅助经济管理

## 第一节 计算机功能简介

电子计算机（以下简称计算机）的功能可以概括为接受输入信息、编译分配存储信息、根据输入要求加工某些输入信息或/和加工被检索出来的信息（加工包括运算、分类、排序、增删等等）、根据输入要求输出被检索出的信息或输出加工后的信息这五个方面。简而言之，计算机有输入、存储、检索、加工和输出信息等五种功能。除了不能象人类那样因生理与环境刺激而激发出"灵性"、"情感"或"创造性（含归纳）"之外，计算机可以辅助人类进行各种"化信息为奴"的日常性工作。（参见第七章第一节及第六节）

计算机已从早期人工编译，越过穿孔纸带输入的程序语言（打印输出），进入了健盘输入和屏幕显示的文字语言阶段。这使得计算机的使用可以广泛日常化。人们可以通过字符（文字、数字及其它符号）与计算机"对话"——人通过键盘（见图8-1）"告诉"计算机应该做什么事，计算机通过幕屏"告诉"人应该怎么配合，双方达成默契之后，计算机开始工作并把工作结果提交给人，即把结果显示在屏幕上。最后，人还可以命令计算机把屏幕上的信息存入内存或磁盘（见图8-1），作为"备忘录"或下一次"对话"的依据。这一点很象是人与人对话之后签订契约。因此，"人——机"对话不但象"人——人"对话一样方便，而且比一般的"人——人"对话更加可靠。

但是，在目前的计算机中，没有一台能够象人一样海阔山空地有问有答。计算机只能够在"内存"（内部存储）知识的范围内与人对话；或是把存储在独立的存储器（如磁盘）中的知识（外存）调入计算机内，才能扩大与人对话的范围。每一次对话只涉及一个专题（专用软件），对话人必须知道有关专题的软件名称，才能用计算机把它调到"线上"来与自己对话。

尽管如此，计算机已广泛应用于人类社会的各个领域。各种软件如雨后春笋，层出不穷，不同程度地把人类从重复性的脑力劳动中解放出来。

例如教学软件可减轻教师的劳动，诊断软件可减轻医生的劳动，数据分析软件可减轻科研人员的劳动，文字处理软件可以减轻编辑写作排印打字人员的劳动，工资管理软件可以减轻财务会计人员的劳动，图表绘制软件可以减轻工程设计及调度人员的劳动，文献检索软件可以减轻图书管理人员及借阅人员的劳动，等等。

计算机在减轻人类脑力劳动的同时，往往还减少了失误，提高了准确性，加快了速度。这样，就促使人类发明了许多新的技术系统，例如气象卫星天气预报系统、陆地卫星资源遥感系统、城市交通控制系统、飞机火车调度系统、预定座位铺位系统、电子邮递电话系统、银行股市联机系统、雷达跟踪制导系统，等等。这些系统的共同点是在较短的时间内完成较大的信息处理量，并且拥有自身搜集外来信息的各种监测传感器及其它电子仪器。

计算机还使人类大大改善了传统器具的功能，例如微机控制的机床、化学反应过程及家用器具等。除此之外，微机还被用于娱乐，甚至被用于占卜。

从发展的角度来看（参见第七章第一节），计算机将在系统权衡的信息文明中成为人类的得力助手。即使对于从来没有用过计算机的经济管理人员，也可以较快地入门并利用计算机进行经济管理。这是因为：1. 微机（参见图8-1）操作并不需要使用者了解其原理，正象人们使用全自动洗衣机不必了解其内在过程一样；2. 专用软件一般都尽量减少使用者的困难。因此，这一章的以下两节，即使对于初学者来说也不会遇到什么困难。有了对于WS和dBaseIII的初步入门，继续学习更复杂的软件（如WPS和Foxbase等），也就不会有很大困难了。

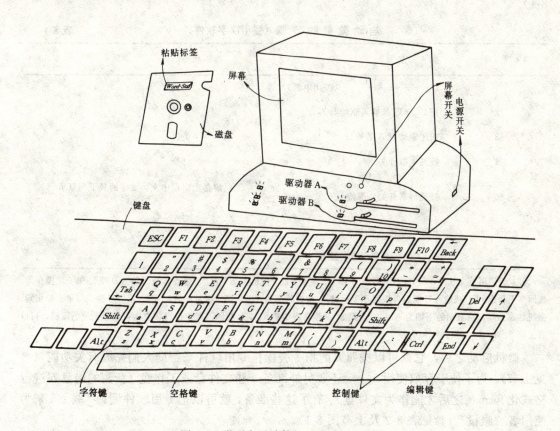

图8-1 微型电子计算机（PC机）示意

## 第二节 使用准备：选择软件和语言文字输入

对于非计算机专业的人员来说，在使用计算机（通常使用微机，即PC机，参见上节图8-1）之前的准备工作是很简单的，一是为了特定的目的选择软件（专用软件），这正象一个车工为了特定的零件加工而挑选车刀一样；二是学习与专用软件内涵相一致（兼容）的语言文字输入。

例如，为了进行文字处理，就挑选文字处理软件。一般说来，软件名称都与软件内涵相关。如常用的英文文字处理软件是"Wordperfect"（调用时以"WP"或"wp"代替）。汉语文字处理软件尚在发展中，较简单的"联想"型软件如"Wordstar"（用"WS"调用）是用汉语拼音输入，屏幕上显示出被计算机"联想"到的一个个同音字或词（组），由使用者从中选出一个。（这种软件不能实现盲打，输入速度慢，正在被新的汉字软件所取代。即使是较复杂的"联想"功能，如"联想"到一个个相关的词组甚至句子，也不能实现盲打。）

软件选好之后，即可在微机上边使用边学习，或边学习边使用。对于与国际上常用的IBM-PC机兼容的微机来说，首先要用"操作系统"软件去"告诉"微机如何"消化"其它软件。例如，对于英文的专用软件，要用DOS（磁盘操作系统）去"启动"微机；而对于汉字专用软件，要用CCDOS（中文磁盘操作系统）去"启动"微机（参见表8-1及上节图8-1）。

**启动微机的步骤**（使用汉字软件） 表8-1

| 顺 序 | 操 作 | 微机状态 |
|---|---|---|
| 1 | ………………………（关闭电源） | 关机 |
| 2 | 把CCDOS盘插入驱动器A | 关机 |
| 3 | 扭闭驱动器A的插口 | 关机 |
| 4 | 接通电源开关 | 灯亮 |
| 5 | 接通屏幕开关并等待 | 屏幕上出现中文，文字的最下端显示 A>__ |
| 6 | 扭开驱动器A的插口 | A>__ |
| 7 | 把CCDOS盘撤出驱动器A | A>__ |

注：若使用英文软件，表中CCDOS改为DOS。第5步的"微机状态"为"屏幕提示要求输入日期"。第6步操作为：按回车下行键↵（或输入日期后再按回车下行键），微机状态为"屏幕提示要求输入时间"。第7步操作与第6步相同，微机状态为"屏幕显示的下端为A>__"。第8、9步与表中第6、7步相同。对于自身带有内存操作系统的微机，可以省去第2、3、6、7步。

微机启动之后，它就可以按照人的指令去操作专用软件来帮助人们完成有关功能（参见上节）。为了便于存取使用，一般还要另外准备一些文件盘或工作盘（新买的磁盘要进行格式化format之后才能作为文件盘）。有了这些准备，就可以把专用软件调到"线上"来为使用者"服役"（参见表8-2及上节图8-1）。

计算机调出软件之后，会将这个专用软件的首"页"内容显示在屏幕上（参见表8-2第6步）。其中还常常包括对使用者的第一个配合要求。这样，"人-机"对话就正式开始了。

例如，"WS"软件将显示一个方框，内含若干中文信息，告诉操作人这个软件可以做些什么事。操作人只要键入有关事项前面的字母，就可以取得软件的支持和帮助。如"WS"显示框中有"D进入编辑"字样，操作人键入字符"D"，屏幕上就会出现新的信息，请操作人输入被编辑的文件的名称。操作人键入"b：ling"，就是"告诉"计算机：请用驱动器B内工作盘上名称为"ling"的文件。操作人再按"↵"，计算机就会把这个文件检索出来显示在屏幕上，等待操作人员进行编辑（增、删、改）。如果工作盘上没有"ling"文件，计算机就会把屏幕清理干净，只留下一个光标"__"（参见表8-2中"A>"及"WS"之后的

"＿"），等待操作人"写"出（输入）新的文句。

**调用专用软件的步骤**（以 WS 为例）　　　　　　　　　　　　表 8-2

| 顺　序 | 操　　作 | 屏幕显示下部 |
|---|---|---|
| 1 | 把 Word-star 盘插入驱动器 A | A＞＿ |
| 2 | 扭闭驱动器 A 的插口 | A＞＿ |
| 3 | 把工作盘插入驱动器 B | A＞＿ |
| 4 | 扭闭驱动器 B 的插口 | A＞＿ |
| 5 | 按字符键 W、S | A＞WS＿ |
| 6 | 按回车下行键↵并等待 | （WS 第一"页"的内容，参见正文） |

注："屏幕显示下部"是指原有显示的下部。由于计算机自己会"移页"，所以新的显示也可能出现在屏幕上部，如表中第 6 步即是如此。

"对话"结束之后，应该先退出（撤出）正在使用的软件，退出后的屏幕上的最末字符显示为"A＞＿"（或"B＞＿"，当表 8-2 第 5 步改为"b："、"↵"、"B＞a：WS"、"↵"时，表示当前工作驱动器为 B，退出后显示为"B＞＿"）。然后，将各驱动器中的磁盘取出，再依次关闭屏幕显示器的电源和微机电源。

撤出的操作对 WS 软件来说是按"F1"键（表示先存盘后撤出，上例中即把屏幕上的内容存到工作盘的名称为"ling"的文件中）；或按"F2"键（表示不必存盘，直接退出）。对 WP 来说则是按"F7"键（计算机将询问操作人是否存盘）。此外，还可根据屏幕提示进行操作。例如前述 WS 首页框中还有"X 退出"字样，只要在屏幕显示首页时按一下字符键"X"即可退出。

正式的"对话"（如前述的"编辑"或"写作"），在现阶段还离不开文字，因此就必须使用一定的语言文字来在人与计算机之间相互沟通。因此，为了利用计算机来辅助经济管理，还必须学习文字输入。

对于重复量很大，而且有关应用程序（软件）已很成熟的管理（如工资管理）工作来说，"联想"型的拼音输入及选定汉字程序就能大大地减轻有关人员的编制表格等日常脑力劳动，并能减少失误。因为这一类管理所需要的输入文字总量较少，不要求快速完成。

然而，对于变量较多，难以形成固定程序的决策及调度过程等经济管理来说，文字输入量较大，要求及时完成、经常增改以提供决策参照，掌握进度变化等等（参见第三、五章）。这就需要更有效率的汉字输入方案，实现盲打，以与人类思维及书写习惯相一致。

目前在单字输入方面效率最高且与中国人的思维书写习惯相一致的汉字输入方案，是在郑易里创意的"六笔字型"基础上，由王永民和张道政等加以落实和完善的第八版"五笔字型"（智能化简繁五笔）。虽然专家们对于最佳方案尚有争论，但必有这类方案在不久的将来得到普及，并使汉语文字处理软件达到象英语 Wordperfect 一样的成熟程度。这样，以汉语为母语的经济管理人员就可以把许多常用信息存入自己的磁盘，随用随取，不仅节省时间，而且避免遗忘。

文字输入的编码常在键盘上表示出来，例如英文 26 个字母，又如"五笔字型码"的主要部首也可并刻于按键上。因此，单纯的文字输入是很容易学习的，即使一个英文单词都不懂，也可以看着底稿和键盘熟练地输入英文单词。

　　语言输入则涉及增改、删除、分断文句段落、引用已写文句段落（不再重新输入）、移动文句段落、翻页、标题、文字、格式等等。这些工作都有赖于文字处理软件来完成。

　　因此，为了日常化地利用电子计算机，首先要学习文字处理软件。除了参加培训班之外，也可利用指导性的说明书或专用的学习软件来自学。例如用于学习 Wordperfect 的专用程序 WPtutor 盘，只要将其插入 A 驱动器，打入 learn，↵，再将 Wordperfect 插入 B 驱动器，即可按屏幕上的提示，逐步熟悉 Wordperfect 的功能。文字处理软件还包括打印输出和存储程序，因为语言输入不是目的，把有关信息保存起来、传播开去，才能对这些信息加以利用。为了减少失真，在打印或存储之前应进行校对。目前，只有英语拼法校对程序（磁盘）如 WP Speller 问世，对于"线上"的各页文句中的单词进行校对，如发现哪一个单词超出它自身的词库，就停下来用光标指示，同时显示出拼法类似的词库中的已有单词，等到使用者（人）发出更改或"跳过"的指令之后，WP Speller 才继续校对。预计我国汉字编码及文字处理程序规范之后，也将推出纠正二字词及词组中的错别字的程序。这类程序的最后，显示出校对过的总字数，使人心中有数。

　　由于微机日益普及，价格适中，又由于应用软件磁盘越来越方便适用，即使没有经过专门培训学习的人也可以学会使用，所以从事经济管理的人员在感到需要助手的时候，应该首先想到微型电子计算机（PC 机）。一机在手，还要再做两件事：选用适当软件，学习语言文字输入。前者可通过咨询或查阅书刊来完成，后者可以自学，也可参加短期培训。

　　应该指出：伴有指导的自学效率可能高于参加培训，因为后者常由专业人员主办，常常"从头讲起"，许多内容与实际应用关联较弱，至于拼音联想型的汉字键盘输入，对于会说普通话并且会用汉语拼音的人，完全可以无师自通。

　　例如常用的长城 0520 计算机的拼音输入汉字，只需记住"炸吃熟鱼、来分考卷、更迎送航"这十二个字（参见图 8-2），就可以利用无汉字的普通键盘（参见图 8-1）进行汉字输入。为了让计算机知道即将输入汉字而不是英文，要先按"Alt-F3"（即在按住"Alt"键的同时，也按"F3"键，参见图 8-1，下同）。当屏幕下方显示"拼音："或"中文："时，就可以用汉语拼音进行输入了。图 8-2 中的口诀是为了用一次按键输入二个或三个字母，以及用"V"输入键盘上不存在的"ü"。例如"岭"字，只要按"L"和"Y"就可以了，不必按"L"、"I"、"N"、"G"。在按了"L"和"Y"之后，屏幕下方将显示 10 个不分四声的同音字，在找到"岭"字后，再按一下"岭"字前面的数字，就完成了输入，屏幕上方原来光标的位置就会出现"岭"。如果已经显示的 10 个汉字中没有"岭"字，还须按">"键或"<"键，这时屏幕下方将显示另外一批拼音为"ling"的字，找到"岭"字后仍按下一个相应的数字键，即完成输入。按键时应轻按快放，如果按住不放，计算机会连续输入同一字符或数字。在输入了错误汉字的情况下，只要按两下"←"键，就会抹去一个汉字。在结束汉字输入时，须按"Alt-F6"键。(有些键盘的"←"键伴有"Back"英文，不熟悉英文的人记成"白克"即可。"Alt"可记为"压替"，"shift"记成"升浮"，"Ctrl"记为"叱来"，"Esc"记成"遏此"。其中，shift 与字符键同时按时，表示输入的字符是刻在键的上边的那个。例如，为了输入冒号"："，就要与 shift 键同时按。输入大写的字母也要与 shift 同时按。)

| | | | |
|---|---|---|---|
| zh (a) | ch (i) | sh (u) | (v) ü |
| 炸 | 吃 | 熟 | 鱼 |
| (l) ai | (f) en | (k) ao | (j) u an |
| 来 | 分 | 考 | 卷 |
| (g) eng | (y) ing | (s) ong | (h) ang |
| 更 | 迎 | 送 | 航 |

图 8-2　汉字联想输入代用字母记忆口诀
(括弧中的字母为输入键，其中按"j"只表示输入"an"，略去"u")

## 第三节　利用计算机（一）：数据库管理 dBASE Ⅲ

数据库是序化的备用信息（参见第七章第六节）。目前，应用最广泛的微机数据库管理系统是 dBASE Ⅲ。它已被我国引进，加以汉字化，并已广泛应用于财务会计、物资、图书资料、人事档案、生产调度、经营计划、财政税收、银行帐目以及科研项目、学生成绩等各个管理机构。

为了启动和运行 dBASE Ⅲ，需准备三张盘片，即 CCDOS（中文操作系统）盘、dBASE Ⅲ 软件盘和用户工作盘（参见上节）。首先用 CCDOS 在 A 驱动器中进行启动（参见上节表 8-1），待屏幕左方出现"A＞"之后，即可用 dBASE Ⅲ 盘换下 CCDOS 盘，并将用户工作盘插入 B 驱动器。键入"dBASE"（紧跟在 A＞之后显示），按回车下行键，待屏幕出现中文说明及圆点提示符"·__"之后，即可依次键入命令动词（如 create，use，modi stru 等，参见表 8-3，下同）、空格、库文件名（可用汉字，但不得多于 4 个汉字，即不超过 8 个字符，且不许空格）、扩展名（也称类型名，由一个句点"."和三个字符如".DBF"、"FRM"、".PRG"等组成）、回车↵（对于上述三个命令动词，可省略扩展名，由软件自动附上）。这样，人——机对话就正式开始了。

对话结束后，应关闭数据库（如键入"use ↵"或"quit ↵"等）。

应该指出，目前 dBASE Ⅲ 的汉化尚不彻底，有待进一步汉化，以利于普及微机应用。例如命令动词应汉化为"创建"、"使用"、"改库结构"等；类型名应汉化为"数据库档"、"报表档"、"命令档"等。

利用 dBASE Ⅲ 来建立数据库的第一步是建立库结构（参见表 8-3）。正如每一个仓库都有自己的名称一样，数据库也要有自己的名称。仓库名称大多以其所在地点及用途为主要构成，数据库的名称也最好与其用途相关。例如表 8-3 中的"h9201"是"函授班 92 级学号为 1"的数据库，其用途是将该班学生的姓名学号存储备用，加上尾码"01"则是为了在教学中对不同学生的实习结果进行检查。（由于一个班的学生不超过 99 人，所以尾码只用两个字符。参见第七章第六节"编码"。）表 8-3 的第一步操作就是告诉计算机：请在驱动器 B 的工作区内建立一个名为 h9201 的数据库。第 12 步计算机的显示是：请问第三个项目是什么？而第 13 步的第一次按键"↵"表示：没有第三项，请存盘。这时计算机显示"按 Return 有效，按其它键重做"，因此，第二次按键"↵"表示：存盘有效，请执行。

计算机执行后的询问（见表 8-3）可有两个回答，即"y"表示"是"，或"n"表示"否"（注意：表 8-3 第 10 步已进入中文输入，所以应先按 Alt-F6 之后再按 y 或 n）。如果"是"，那么屏幕上将显示出已建的库结构（学号和姓名，参见表 8-4 第 4 步），请操作人输入第一个人的学号和姓名。如果"否",那么光标之前重新出现圆点提示符"·__",操作人可以键入"quit"和"↵",从而退出 dBASE 软件,待光标前为"A>__"时即可撤出磁盘,关机离去(参见第八章第二节)。

使用 dBASE Ⅲ 建立数据库结构的步骤　　　　　　表 8-3

| 顺序 | 操作 | 屏幕光标之前的显示 |
|---|---|---|
| 1 | 按键 c、r、e、a、t、e、空格 b、shift—:、h、9、2、0、1 | create b:h9201 __ |
| 2 | 按键↵,并等待 | h9201<br>项目 类型 宽度 数点<br>1 __ |
| 3 | 按 Alt-F3 | 拼音__ |
| 4 | 输入中文"学号"二字(参见第 8-2 节中"岭"字的输入) | 1 学号__ |
| 5 | 按键↵ | 项目 类型 宽度 数点<br>1 学号 __ |
| 6 | 按 Alt-F6 | ASCII __ |
| 7 | 按键 n、↵ | 项目 类型 宽度 数点<br>1 学号 数字 __ |
| 8 | 按键 2、↵ | 1 学号 数字 2__ |
| 9 | 按键 0、↵ | 1 学号 数字 20<br>2 __ |
| 10 | 按 Alt-F3 | 拼音__ |
| 11 | 输入汉字"姓名",↵ | 2 姓名 __ |
| 12 | 按↵、8↵ | 2 姓名 字符 8<br>3 __ |
| 13 | 按↵、↵ | 现在输入数据记录:?(Y/N)__ |

注:1. 表中"h9201"是文件名,可另行选定,但不能超过 8 个字符,一个汉字占用 2 个字符。
　　2. 表中"学号"和"姓名"根据数据库的用途选定,详见正文。

圆点提示符表示 dBASE 软件正等待着为用户服务,而"A>__"表示驱动器 A 正等待着为用户服务。

在圆点提示符之后键入"use b:h9201"表示:请打开驱动器 B 内的名为 h9201 的文件。计算机找到并打开这个文件后,将在光标前再次显示圆点提示符,表示:请问如何使用这个文件?

一般说来,使用方式为:录入数据(参见表 8-4)、查看数据(参见表 8-5)、修改数据(参见表 8-6)、修改库结构(参见表 8-7),以及查看库结构、输出打印报表等等。

**向 dBASE III 数据库中录入数据的步骤**　　　　　　　　　　　　　表 8-4

| 顺序 | 操 作 | 光标前后的显示 |
|---|---|---|
| 1 | （dBASE 等待为用户服务） | ·— |
| 2 | 按键 u、s、e、空格、b、shift-:、h、9、2、0、1 | use b：h9201 __ |
| 3 | 按键↵ | · use b：h9201<br>·— |
| 4 | 按键 a、p、p、e、n、d | · use b：h9201<br>· append __ |
| 5 | 按键↵ | 1. 学号<br>　姓名 |
| 6 | 按键 1、↵ | 1. 学号<br>　姓名 |
| 7 | 按 Alt-F3 | 拼音__ |
| 8 | 输入"丁四乙"三字（参见第八章第二节中"岭"字的输入） | 1. 学号　1<br>　姓名　丁四乙__ |
| 9 | 按键↵ | 2. 学号<br>　姓名 |
| 10 | 按键↵ | ·— |

**查看 dBASE III 库中已录数据的步骤**　　　　　　　　　　　　　表 8-5

| 顺序 | 操 作 | 光标前及库内容的显示 |
|---|---|---|
| 1～3 | （见表 8-4） | · use b：h9201<br>·— |
| 4 | 按键 l、i、s、t | · use b：h9201<br>· list __ |
| 5 | 按键↵ | 学号　姓名<br>ll　丁四乙 |
| 6 | 按键↵ | |

修改 dBASE Ⅲ 库中数据的步骤　　　　　　　　　　　　　　表 8-6

| 顺序 | 操作 | 光标前后的显示 |
| --- | --- | --- |
| 1～3 | （见表 8-4） | • use b：h9201<br>• __ |
| 4 | 按键 e、d、i、t | • use b：h9201<br>• edit __ |
| 5 | 按键 ↵ | 1. 学号　__1__<br>　 姓名　丁四乙 |
| 6 | 按键 ↓、→、→ | 1. 学号　1<br>　 姓名　丁四乙 |
| 7 | 按键 Del、Del | 1. 学号　1<br>　 姓名　丁＿乙 |
| 8 | 按键 Crtl-End | • __ |

注：修改后的姓名为"丁乙"，可另行查看，参见表 8-5。

修改 dBASE Ⅲ 库结构的步骤　　　　　　　　　　　　　　表 8-7

| 顺序 | 操作 | 光标前后的显示 |
| --- | --- | --- |
| 1～3 | （见表 8-4） | • use b：h9201<br>• __ |
| 4 | 按键 m、o、d、i、空格、s、t、r、u | • use b：h9201<br>• modi stru __ |
| 5 | 按键 ↵ | 项目　类型　宽度　数点<br>1　__学号　数字　2　0<br>2　姓名　字符　8 |
| 6 | 按键 ↓、↓ | 2 姓名 字符 8<br>3 __ |
| 7 | 按键 Alt-F3 | 拼音__ |
| 8 | 输入汉字"性别"、↵，↵<br>、4、↵（参见表 8-3 第 11～12 步） | 3 性别 字符 4<br>4 __ |
| 9 | 输入汉字"邮政编码"、↵，ALt-F6、n、↵、6、↵ 0、↵（参见表 8-3 第 4～9 步） | 4 邮政编码 数字 6 0<br>5 __ |
| 10 | 按 Alt-F3 | 拼音__ |
| 11 | 输入汉字"地址"、↵，↵、40 | 5 地址 字符 40 |
| 12 | 按 Ctrl-End、↵，Alt-F6、n | • __ |

注：修改后的名为 h9201 的数据库增加了"性别"、"邮政编码"、"地址"等项。

使用之后，光标前出现圆点提示符时，即可改换用途（包括打开其它文件）或退出。在使用过程中，以及在建库（见表 8-3）时，如果屏幕上显示"是否需要帮助？（Y/N）＿＿＿"的字样，对初学者来说应向"人"（如教师、实验员等）寻求帮助，而不是键入"Y"而向计算机寻求帮助。因为初学者还不会利用有关帮助。相反，有可能出现"人-机"对话陷入"破裂"的局面。如果出现无法继续对话的局面，可按"ESC"（遏此）键，结束这次对话，待圆点提示符出现后，另开一轮对话。

在表 8-3～8-7 中，圆点提示符之后的第一、二个词是 dBASE Ⅲ 软件专用的"命令动词"，在汉字 dBASE Ⅲ 中仍为英文，其含意及汉语拼音记忆见表 8-8。也就是说，只要记住不多的几个命令动词，即使从来没有学过英文的人也可以与汉字 dBASE Ⅲ 软件相互对话。

表 8-1～8-7 所列的步骤，对于计算机的"门外汉"来说，也可以作到"一回生，两回熟，三回就是好朋友"——微机及专用软件的迅速进展使它们正在象普通的家用电器那样易于使用。（目前已有"多媒制"微机试制成功，不必使用文字命令，更为简单易行，但尚未大规模生产。）

若干 dBASE Ⅲ 命令动词的含意及记忆　　　　　　　　　　　表 8-8

| 命令动词 | 英文含意 | 汉语拼音记忆 |
|---|---|---|
| create | 创造、创建 | c̲i̲ 此 r̲i̲ 日 e̲ 鹅 a̲i̲ 爱 t̲e̲n̲g̲ 藤 |
| use | 使用、利用 | w̲u̲ 物 s̲e̲ 色 |
| append | 附加、贴挂 | y̲a̲ 芽 p̲i̲ 皮 p̲e̲n̲g̲ 膨 d̲a̲ 大 |
| list | 列举、列表 | l̲i̲e̲ 列 s̲i̲ 私 t̲i̲ 题 |
| edit | 编辑、校订 | e̲ 额 d̲i̲n̲g̲ 订 t̲i̲ 题 |
| modi stru | 修改结构（缩写） | m̲o̲ 磨 d̲i̲ 底，s̲i̲ 私 t̲i̲ 题 r̲u̲ 入 |
| quit | 退出、放弃 | q̲u̲ 去 y̲i̲ 伊 t̲i̲ 题 |

注：下加–的汉语拼音字母合成命令动词

总之，各级管理人员只需拥有一台微机、三张磁盘（CCDOS、dBASE Ⅲ、工作盘），即可获得一个可靠的、有效率的助手——经济管理中的各种报表及档案（参见第六章及第七章），都可以利用汉字 dBASE Ⅲ 来辅助完成（工作盘的容量占用满了之后，需另购工作盘）。

以上所述只是一种入门介绍，管理人员在使用过程中还可以继续开发利用 dBASE Ⅲ 的其它功能（如复制、联结、检索、打印，等等），以及采用与此类似的其它专用软件（调用步骤参见第八章第二节表8-2，将其中 WS 换成现用软件的名称。名称写在磁盘的标签上，参见第八章第一节图8-1）。

例如，由于每个经济管理机构（参见第五章第四节）都需要管理工资的计算与发放，对于工资库软件的需求很大（参见第二章），所以已有专用软件"工资管理系统 GZZK（PR14）·PRG，EX9（或5）·PRG"磁盘问世。管理人员可利用它建立工资库、处理调入调出人员、以上月工资库为基础建立本月工资库、修改和计算数据、打印工资条工资表统计表扣款表及票面数、查询内存数据等。

一般说来，管理人员感到需要某种数据库之后，首先应了解是否已有现成的应用程序。

如有，就不必自己利用 dBASE Ⅲ 去编制。

最后，举例简介 dBASE Ⅲ 的另外三种可选信息类型、插入结构项、限类检索、和库联结。

例如，为了把县志中有关本地植被的历史资料集中到数据库中，可以利用"日期型 D"、"逻辑型 L"、和"备注型 M"。备注型与字符型的区别是：字符型的宽度为1～254，备注型宽度为1～4096且具备编辑功能。备注型提示信息为 MEMO，录入前要按 Ctrl-PgDn 键，录入后要按 Ctrl-End 键，因此录入数据的速度受到影响。日期型提示信息为两条斜线，表示三组分开的二位数字：年、月、日。逻辑型提示信息为问号"?"，表示要回答"1"（是），或"0"（否）。对于"是否正式学生？""是否采自正史？"等信息，都可采用"逻辑型"录入。

如果要把公关对象（包括本单位职工及外部重要关系）的资料集中到数据库中，就要在表8-7的基础上加以修改，对于插入的结构项，须先按 Ctrl-N 键。

如果只检索本地造林的适应树种，以表8-5的查看步骤为例，第4步可改为："Disp for 学号＝'1' fields 姓名"，这样，屏幕上只显示学号为1的学生姓名。如果用"Disp for 平均气温＝'10' fields 树种"来检索某一数据库，就比列出全部树种要快得多。

如果两个乡联营经销花卉产品，由于仓储能力有限，有些产品分别储存在各个农户中，为了满足订货供应，就要大量检索。对于大批量的数据查对，dBASE Ⅲ 设计有"库联结"功能，例如，把产品数据库与订货数据库联结起来。为此，要同时设立两个工作区。具体作法是：键入"Select 1"及"↵"之后，打开并查看产品数据库（参见表8-5）；再键入"Select 2"及"↵"，打开并查看订货数据库，同时为此库设立别名，即在表8-5的第二步键入"use b：（订货数据库名）alias dl"。查看后再次键入"Select 1"及"↵"，之后键入"join with dl to b：（产品数据库名）for 产品名称＝dl －＞产品名称 fields 产品名称，储存地点，是否本乡、数量"，这样，按↵键后，即在屏幕上显示出与订货数据库中的产品名称相同的各种产品的储存地点和数量，以及哪些产品是本乡生产，哪些是联营乡生产。如果两个乡的数据库是分别建立的，只要事先商定同样的库结构，就很容易把二者并成一个产品数据库，不使用"库联结"。对于第一个乡来说，具体操作是把第八章第三节表8-4的第4步改变"append from b：（第二个乡的库名）·dbf"。如果两个库录在不同的工作盘上，那么在这一步骤实施之前还应从驱动器 B 中撤出第一个乡的工作盘，换进第二个乡的工作盘。

## 第四节　利用计算机（二）：情报检索与收集

情报是时效性较强的信息，即较近期发生的对于事物或现象的区分（参见第七章第六节"信息"概念）。对于相关人员来说，情报是需要及时通报的情况，或情况的及时报知。

情报不象数据库（参见上节）中的信息那样具有长期效用而存以备用，但却使人了解当前的环境和自身状况，因此其重要性与"知识"（参见第七章第六节）相当而高于备用的数据库。人们的应变能力（参见第七章第三节）就体现为根据情报来利用知识并作出行为决策（参见第三章），而不是照搬教条。这也就是"知己知彼、百战百胜"的道理。

情报检索是从已形成文字（含数字、图样）的情报中获知信息，在目前以科技情报的检索为主。其原因在于，科技情报一般时效较长，而又不分国界普遍适用。科技期刊到80年代已出版5万种左右，全世界每年发表500万篇以上的科技论文，登记专利约70～100万件。

如此大量的科技情报,是其它各类情报(军事、政治、经济、文化等)所无法比拟的。正因为数量大,所以要利用计算机,以便能及时检索出相关信息,避免科研人员去重复他人的劳动,也避免把大量时间用于文献检索。

目前比较大规模的计算机检索服务则不止于科技情报。如联机情报检索网络系统,只要通过通讯线路(电缆、卫星天线)将终端设备(如电话、调制解调器、微机等)与中央计算机连接,就可获取有关系统收集的情报。例如美国DIALOG国际联机情报检索系统,用户通过终端可从许多途径进行检索查找。这些途径包括:篇号、作者(个人或团体作者)、日期、代码、文摘号、专利号、机读记录的其它特殊标识,等等。该系统的数据库有文档220多个,既包括长时效的备用信息(个别文档长达几十年),也包括大量的近期信息(几年);既包括基础科学和工程技术,又包括人文学科和商业经济。文献类型包括:书报、刊物、学位论文、会议录、科研报告、政府报告、专利文献、标准、厂商名录、统计数据。我国也可以通过有关终端对DIALOG系统进行检索,但由于难以汉化,需求量有限。

我国情报检索已起步的服务是图书馆的分类检索:用户把自己想到的主题词(所需情报)通过计算机终端输入,如果这些主题词是所用分类表中的类名或类名的同义词,那么相应的分类号就会在终端的屏幕上显示。若要查看所有相关的分类号,只在再打入另一指令,屏幕上即把有关这一类号的关系(一串类号)都显示出来,并告诉用户如何使用这些分类号。用户便可利用这些分类号组织提问。如果用户对检索结果感到不太满意,还可以利用分类表体系进行扩检或缩检。

这类服务涉及大量文献,查全率较高。但在起步阶段,检索服务因涉及加装硬件(如调制解调器及接口等)、服务费用较贵等问题,难以普及。

不过,近年来兴起的电子化工具书,如机构名称、人名录、商品目录、年鉴手册、辞典、百科全书等,则可利用一般微机进行。经济管理人员只要拥有一台微机、几张磁盘,就可以迅速检索有关信息。这种"非文献数据库"还包括数值和图象数据,也可被经济管理人员所利用。

情报检索对科技研究来说常常直接影响决策:是否进行某项科研?在什么方向、什么规模上进行?(参见第三章第一节)但是,情报检索对其它经济决策来说只能提供背景参照:资源、人口、环境、文化、秩序结构、经济水平等(参见第六章第七节表6-2)。其原因在于科技研究主要是面向"自然界"(参见第一章第一节"技术"概念),自然现象的周期性比较强、"进化"速度较慢,所以几年、甚至几十年、上千年的研究结果还可以算作"近期"的"情报"。相反,"经济管理"必须面向人类群体(参见第一章第一节"经济"与"管理"概念),而社会现象的周期性较弱(严格地说,人类历史上没有真正的周期性重复事件,顶多只有"惊人的相似")、"进步"速度较快,所以上一年、上一月、甚至昨天的事件都会失去时效,难以作为"情报",只能作为"历史"或"备用信息"。因此,一般的经济管理主要利用计算机管理数据库(参见上节),发展方向是利用计算机进行情报收集,而不是情报检索。

情报收集是把近期以及"正在"发生的事实转述为语言、文字、图象、数据等,并将它们报知有关人员。必要时甚至将实物样品取出并报呈有关人员。情报收集的首要对象是本机构(参见第五章第四节)下属单位的人员、与本机构密切相关的前后环节机构人员以及与本机构竞争的对手机构人员。除了竞争对手之外,其它的情报收集都可利用计算机。例如美国一些大公司在签订合同中，常要求承包方的生产车间内安装输出/输入设备，及时将情报送入大企业的信息管理系统了解小企业执行包工合同的情况。再如可利用计算机查询原料生产单位、原料市场的情况，或产品市场的情况等等。利用计算机收集下属情报比较易行，因为可以指令下属按要求按时间输入有关内容，如质量、进度、物耗、财金、人员等等（参见第5～7章）。涉及平行机构（如前后环节）的情报则有赖于对方是否提供相应的计算机服务。

利用计算机进行情报收集可分为主动和被动两种。主动的情报收集是利用传感器（如光电管、温差电耦、摄影胶片、摄像磁带等）及其它仪器将那些现场发生的事件信息送入计算机。被动的情报收集则有赖于现场人员通过键盘将有关信息送入计算机（随着声控输入技术及书写输入技术的发展，也可通过口述或手写来输入信息）。

目前，主动收集主要用于自动控制及流水线式的生产或养护过程中，以及极为重要的要害部门（主要使用摄像监控）。被动收集则主要用于中层管理人员之间，以及上下之间的协调（参见第七章第五节）。利用计算机的优点是可以随时（及时）输入信息，不必等待人员相见才相互交流。由于输入及时，信息失真较少，文过饰非的现象也不易发生。

这对于较大的整合实体（参见第五章第四节及第七章第一节）来说是极为重要的——真实信息对于复杂的社会，正如健康血液对于复杂的机体，是一种性命攸关的东西。市场信息较少受到人为干预而失真，因此易于激发经济活力（但只追求活力也有许多弊端，参见第七章第一节）。而信息真实的关键在于情报真实，因为备用信息（历史、档案、数据库等）的真实性可以由"时间"的"滤波"来保证（参见第七章第六节），唯有情报这种时效性很强的信息，其真实性只能由收集方式来保证——"有人能够蒙蔽多数人于一时，或蒙蔽少数人至永远，但决无人能够永远地蒙蔽多数人"（林肯语，第一句涉及情报失真，第三句相关于时间滤波，第二句则与信仰及智商相关）。

利用计算机收集情报，不但已经有利于经济管理和军事管理，而且必将有利于行政管理和民事管理（目前已有一种"微软窗 Microsoft Windows"软件问世，可将便笺、卡片、约会日历、时钟、计算器等"窗口图形"同时显示在"桌面"一样的屏幕上，用户就象使用办公桌一样方便，可随手把有关信息"记入"便笺或卡片，也可同时利用计算器进行快速计算，甚至可以"剪贴"，十分有利于各层管理人员及时输入"情报"。这一软件已被汉化。虽然它的书写、绘图及终端等三个应用程序，以及上述附件和各种屏幕提示的"菜单"都有图形显示，但是大量的注解性文字都是英文。如果不加以汉化，难以在中文环境中普及。至于"书写"中的汉字，也是非"中文操作系统"不可。如果利用"绘图"程序书写汉字，则效率较低，该程序主要被设计来绘制图样或绘画）。

## 第五节 利用计算机（三）：统计模拟优选

充分的背景数据和情报（参见第八章第三及第四节）只是成功地进行经济管理的必要条件，而不是充分条件。经济管理的成功与否还有赖于人类如何利用已有知识、获取新知识以及由此制定合于人类利益的指标（通常是统计性的）和决定人类的生产、建设及经营行为（参见第三章）。

利用计算机的统计运算能力（汉字 dBASE Ⅲ 即含有赋值、统计个数、数值求和、求均值及分类统计等功能）来扩大人类知识，就可以制定比较合乎环境约束（参见第一章第一节图1-1）的数量指标。应该指出，除了物理、化学中的确定性定律之外，大多数"知识"都是统计性的（有些科学家认为，物理化学知识也是统计性的，只是方差较小罢了）。在科学时代之前，人类获取知识的三个重要方式（识别对应、聚类归纳、思辨推理）无不带有模糊性和统计性。后来科学实验曾使人们注重精确性，但它是以割裂事物联系从而控制实验条件为前提的，难以用于社会事务。能够用于社会事务的证据性准科学（软科学）又是模糊的和统计性的，利用计算机来进行统计则可以减少其模糊性，增大其精确性，使得准科学更接近于科学而远离非科学，即远离天真模仿、占卜选择、经验选择和思辨选择（参见第七章第一节）。

模拟和优选则是系统权衡和信息文明的特征（参见第七章第一节）。由于经济管理及其它社会事务所涉及的变量远远多于科学实验的对象，又不可能将其相关联系割裂开来，所以对于经济行为的后果预测必须处理大量的数据。如果没有计算机的辅助，人类是不可能进入信息文明的，顶多只能进行小规模的模拟优选，例如调度规划、补充仓库存货、材料订货等（参见第五章第三节、第六章第二及第三节）。即使在这些方面，利用计算机的辅助也比传统管理更为准确和有效。

模拟和优选包括十个主要环节：1. 提出目标（一个或多个，参见第三章第六节）；2. 确立与目标相关的参量；3. 用网络图模拟参量之间及其与目标的关联（目标作为节点，参量作为输入、输出或反馈，参见第五章第三节图5-1）；4. 利用数据库或其它参考的信息样本模拟出参量及目标之间的静态数量关系；5. 利用近期的不同时间的数据（情报）样本模拟出参量及目标之间的动态数量关系；6. 利用独立的数据样本检验并修改完善上述模拟；7. 拟出若干决策（方案）以影响上述参量（部分或全部）；8. 根据已有模拟来预测不同方案所导致的后果；9. 通过评价（参见第三章第六节）来选择最优或有效或满意的方案；10. 在执行方案的过程中对于实况与模拟之间的误差进行调节以保证效果最优或有效或满意。

如果调节无效，必须审查目标本身的合理性，或是对于以上十环节中的其它九环节进行修改或重建。

上述十环节中的前六个环节以"模拟"为主，重在重现过去事件及其规律；后四个环节以"优选"为主，重在面向未来的决策。其中，利用数据样本所进行的静、动态模拟，对模拟的改善以及根据模拟进行预测、评价等五个（第4、5、6、8、9）环节，都是计算机大显身手的用武之地。此外，利用计算机来绘制复杂的网络图（参见下节），以及利用计算机来收集实况情报（参见上节），也往往比传统的手工或汇报方式更为有效。然而，计算机不能替人类确定目标和决定取舍，因此，它只能处于辅助地位。

下面以园林业为例简要说明上述十环节。

1. 园林业的目标是借靠植物改善人类的居住和休憩环境，同时它又受到环境（资源）的约束和需求的牵引（参见第一章第一节"园林"概念及图1-1）。因此，很有必要进行模拟和优选。例如，对于一个新建城区来说，至少应该提出三个目标：生态效益较好（如人均绿地面积较大）、资源消耗较少（如人均投资额较少）、满足居民需求（如人均绿面时间比较大，参见第一章第二节公式（1-1）和（1-7））。

2. 为了确立与目标相关的参量，只能求诸人类已有的知识和经验。例如，与生态效益相关的参量有人均绿地面积、绿地的群落类型、绿地的分布等；与资源消耗相关的参量有绿地建设的材料、设备、人员、管理及技术水平,以及土地本身的非生产性所导致的损失等;与居民需求相关的参量有绿地规模、类别面积复合比(参见第一章和二节公式(1-3))、绿地与居民区的距离、绿地的养护水平等。

3. 用网络图模拟参量之间的关联,及其与目标的关联,也主要依靠已有的知识和经验。图8-3可供参考。由于重在整体模拟,各参量占据不同层次,因此只在"规模"与"分散度"之间示出反馈关联。该系统的初始参量"面积"和终端参量"种苗水平"、"施工养护水平"都与大环境相关联,即与土地资源的利用及教育文化科技水平及管理水平相关。此外,系统中的每项参量都有其货币体现,受到资金制约(参见第四章第五节)。

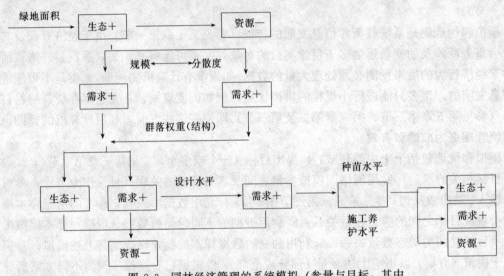

图8-3 园林经济管理的系统模拟(参量与目标,其中"+"表示接近目标,"-"表示背离目标)

4. 为了模拟参量及目标之间的静态数量关系,可从已有的档案、数据库或其它文献中选取数据样本。例如,从欧美、亚洲各选三个大、中、小城市,对其绿地面积、规模、分散度、群落类型、设计水平等参量值进行统计归纳;并分析其生态效益、资源资金消耗、对居民需求的影响。采用标准化方法(参见第三章第六节),可得出各参量与数量化目标(指标)之间的比例关系。也可不采用标准化方法,以不同"量纲"来表达相互关系,例如"规模"用"公顷","群落权重"用"年生"(草本多为一年生,木本则可达百年生或更大),"生态效益"用"加权人均绿地及水生面积","资源消耗"用"人民币元","需求满足"用"覆盖比"(参见第一章第二节公式(1-7))。

5. 为了模拟参量及目标之间的动态数量关系,可从近年新建城区的绿地建设情报中选取若干样本,统计出每一个参量变化所导致的对于其它参量及目标的影响,建立动态模型。

6. 为了完善模拟,另选一个或几个新建城区的数据。将其中几个参量的数据作为新的动态输入以上的模型。如果模型输出的其它参量及指标与所选城区的实际值相符,则无须修改模型,否则就应加以完善。如果未利用全部参量的数据就获得与实际值相符的指标,就应删除多余的参量。

7. 拟定若干涉及面积、规模等的决策方案,并收集本地的资源、人口、环境等基本数据。

8. 将方案中的数值和基本数据代入上述模型，求出各方案所导致的生态效益、资源消耗和需求变化。

9. 采用多目标评价方法（参见第三章第六节）对各方案进行评价和优选。

10. 在实施方案的过程中进行监测并调节，以保证有关决策接近目标而不是背离目标。

在上述第7个环节中，为了拟出较合理的方案，也常常利用计算机进行线性规划。线性规划通常只有一个目标（即目标函数），因此往往采用最大货币收益作为目标函数。资源常作为约束条件。目前常用的线性规划主要用来优选内部结构（参见第四章第三节），此外，由于较少顾及参量之间的动态关联，以及常由专业人员的估计值来替代样本求值及修订，因此，线性规划只能作为较低层次的辅助方式。与此不同，模拟优选涉及的仿真技术及决策支持系统（DSS），则是较高层的辅助方式，例如都市增长政策评价、都市增长模拟、人员分配、火警设施及对策等专用决策支持系统。（有关软件已在美国问世，我国也于1992年开发出首个决策支持系统。）

## 第六节 利用计算机（四）：设计与创新

在现代社会中，人类的技术行为通常是在需求的引导下，从调查设计起步（参见第一章第一节图1-1及第五章第二节）。从广义来看，经济活动的重要环节"规划"、"计划"等也是一种设计。

设计就是用字符、图形或语言表述出人类技术行为将要导致的具体结果（总体结果及局部结果）。例如，园林设计常用图形表述建筑及植被布局，用字符加以注解，用语言表述其美学内涵，等等。又如，施工中的调度计划可用网络图（参见第五章第三节图5-1）表述将要完成的时间及空间结果，用字符加以注解，还可用语言加以指令化。

利用计算机辅助设计（CAD），需要另外增加若干硬件，如显示屏、游标或感应笔（早期为光笔）、感应板、精密绘图仪等。对于重复性的标准化设计来说，计算机可以辅助设计人员检索出相关图形及数据（参见第八章第四节），由设计人员在屏幕上加以合成、修改、定型，然后绘出图纸。对于创新的设计，计算机可以辅助设计人员反复斟酌，把图形拆装重组，从不同视角进行设计，等等。

如果没有计算机辅助，工程师要用手工依次画出原始草图、设计图及工程图。图纸完成后，经过论证，有可能还要对设计进行修改。这样，有可能所有的设计图纸都必须修改，甚至重画。利用计算机的辅助，工程师可通过检索或用感应笔（光笔）将图样绘在屏幕上，再借助计算机中某些程序来分析该项设计，给出特性报告，若发现问题，可在屏幕上加以改变。设计完成后，可在计算机的辅助下制作详尽的工程图纸。甚至还可以不打印出图纸，由计算机直接指挥其它机器，生产出新产品的部件。对于某些设计（如集成电路、飞机汽车），还可以在计算机上对新设计进行模拟实验（如逻辑模拟、风洞模拟）。

仅从图样设计来看，利用计算机比前述的数据库、情报检索收集、统计模拟优选等（参见第八章第三、第四、第五节）都要容易。因为图样不受语言文字的限制，常用的绘画语言普遍通用。如"微软窗"（参见第八章第四节）的绘图程序Paintbrush就在屏幕左边用图形示出了8种工具及10种绘画语言：剪刀、拾取器、喷雾器、书写笔、颜色擦除器、擦除器、画面滚筒、笔刷；以及曲线、直线、方框、填充方框、圆角方框、填充圆/椭圆、多边形、填充多边形。即使不懂英文的人，也可使用这些工具及语言在屏幕上进行图样设计（书写笔除外，只能写字母）。至于专用的辅助设计程序，由于利用了感应笔等硬件，就更加方便易学了。微软窗绘图可用健盘，也可用附加的硬件"鼠标器"，后者功能类似于感应笔，但不象感应笔那样自如且精密，所以也就不象感应笔那样昂贵。对于园林布局等类设计来说，微软窗的精度是足够的。

　　由于园林业对环境的改善具有生态和美学两个方面（参见第一章第一节"园林"概念），所以园林设计不宜标准化、单调化；相反，贵在多样和创新。随着经济发展，室内装饰也将逐步园林化（"绿房工程"），每户"绿房"都会力争独具"个性"。因此，园林设计必将借助计算机业来提高效率、提高质量。在这方面，园林设计类似于服装设计，但是园林设计涉及到更多的"材料"（含绿化材料）和更大的空间，因此更需要计算机的辅助。

# 主要参考文献

[1] 张祥平. "园"和"园林"的沿用史. 中国园林, 1995 (3): 20~23
[2] 王焘 (编). 园林经济探索. 北京: 中国林业出版社, 1989
[3] 张祥平. 美好的中国人. 北京: 华夏出版社, 1995
[4] 萨缪尔森 (1976). 经济学 (上册). 北京: 商务印书馆, 1986年
[5] 张祥平. 论森林毁损与经济增长的同步性——欧美发展模式面临资源与环境容度的警戒线. 林业资源管理, 1995, 5: 57~62
[6] 张祥平. 人的文化指令. 上海: 上海人民出版社, 1987
[7] 郁书君 (编译). 自然风景环境评价方法. 中国园林, 1991 (1): 17~22
[8] 李明宗. 休闲. 观光. 游憩论文集. 台北: 地景企业股份有限公司出版部, 1992
[9] 厉以宁等 (编). 现代西方经济学概论. 北京: 北京大学出版社, 1983
[10] 康少邦等 (编译). 城市社会学. 浙江: 浙江人民出版社, 1986
[11] 熊文愈. 森林生态系统与环境保护. 南京林产工业学院学报, 1980, 3: 1~11
[12] 谭健 (主编). 现代行政管理手册. 辽宁: 辽宁人民出版社, 1987
[13] 张祥平. 轿车中的乌托邦. 中国市场经济报, 1994年11月17日
[14] 徐德权 (编). 园林管理概论. 中国建筑工业出版社, 1988
[15] B. H. Massam. 计划工作中的多准则决策技术. 北京: 经济管理出版社, 1989年版
[16] 何建坤等 (编). 实用线性规划及计算机程序. 北京: 清华大学出版社, 1985
[17] 陈锡康. 投入产出方法. 北京: 人民出版社, 1983
[18] 王传纶 (编著). 资本主义财政. 北京: 中国人民大学出版社, 1981
[19] 蔡华兴. 内部收益率的经济蕴涵. 数量经济技术经济研究, 1988, 3: 26~29
[20] 刘天福 (主编). 技术经济手册 (农业卷). 辽宁: 辽宁人民出版社, 1986
[21] 王寅初等. 对投入产出表第四象限的研究. 数量经济技术经济研究, 1988, 12: 42~46
[22] 孙耀君. 西方企业管理理论的发展. 北京: 中国财政经济出版社, 1981
[23] 威廉. 大内 (1981). Z理论——美国企业界怎样迎接日本的挑战. 北京: 中国社会科学出版社, 1984年版
[24] 日本企业家谈: 日企业经营方式中的儒家思想. 参考消息1988年10月21日第2版
[25] 张祥平. 试议环境遥感的理论基础——识别. 林业教育研究, 1987, 1: 23~28
[26] 哈洛 (1942). 战争与和平中的公共关系学. 纽约 (有中译本)
[27] 张安腾等. 公共关系学. 浙江: 浙江人民出版社, 1987
[28] 张祥平. 源于儒家经典的公关定义. 深圳大学公共关系学速成函授班. 函授通讯第一期, 1989, 1: 26~28
[29] 王广庆 (主编). 电力经济与管理. 北京: 水利电力出版社, 1990
[30] 亚诺什. 科尔内 (1980). 短缺经济学上册. 北京: 经济科学出版社, 1986年版
[31] 张祥平. 《易》与人类思维. 四川: 重庆出版社, 1992
[32] 李京文等 (主编). 国际技术经济比较——大国的过去、现在和未来. 北京: 中国社会出版社, 1990年

[33] 北林大. 林业经济管理学. 北京：北京林业大学，1987
[34] 张祥平. 参观梵高画展有感. 人民日报海外版，1990年7月3日第4版
[35] 小此木启吾（1986）. 隐私. 北京：国际文化出版公司，1990年版
[36] B. L. 杰吉，格里茨（1975，编）. 管理信息系统手册. 北京：中国人民大学出版社，1982年版
[37] 国编组. 国家预算. 北京：中国财政经济出版社，1980
[38] 陈继儒等（编）. 保险概论. 北京：中央广播电视大学出版社，1987
[39] 哈里. 琼尼等（1978）. 用于计划决策的技术预测. 上海：复旦大学出版社，1984年版
[40] 张祥平. 启蒙——民粹——大民主的历史反思. 战略与管理，1994（5）：15～19
[41] 张祥平. 反思新文化，重认中华魂. 华声月报，1995，(10)：72～74
[42] 中国人才研究会（编）. 人才研究论文集. 辽宁：辽宁人民出版社，1985
[43] T. S. 库恩（1962）. 科学革命的结构. 上海：上海科学技术出版社，1980年版
[44] J. 伯恩斯坦（1974）. 阿尔伯特. 爱因斯坦. 北京：科学出版社，1980年版
[45] 发明的源泉. 北京：科学技术文献出版社，1981年版
[46] 艾伦. P. 莱特曼. 三十五岁：科学家的高峰时代——一位科学家的自白，世界之窗. 1984，6：79～81
[47] 弗. E. 卡斯特等（1970）. 组织与管理——系统方法与权变方法. 北京：中国社会科学出版社，1985年版
[48] J. L. 弗里德曼等（1970）. 社会心理学. 黑龙江：黑龙江人民出版社，1984年版
[49] A. M. 罗斯（1973），信息与通信理论，北京：人民邮电出版社，1979年版
[50] N. 维纳（1949）. 控制论——或关于在动物和机器中控制和通讯的科学，北京：科学出版社，1962年版
[51] 中国人民大学档案系技档室（编）. 技术档案管理学. 北京：中国人民大学出版社，1980
[52] R. C. 冈萨雷斯等（1977）. 数字图象处理. 北京：科学出版社，1981年版
[53] R. E. 帕克等. 城市社会学. 北京：华夏出版社，1987年
[54] K. J. 巴顿. 城市经济学. 理论和政策. 北京：商务印书馆，1986年
[55] 徐大陆. 外国国家公园综述. 中国园林，1991（1）：59～63、53及1991（3）：61～63
[56] 中国林业年鉴1949—1986. 北京：中国林业出版社，1987年
[57] 中国林业年鉴1987. 北京：中国林业出版社，1988年
[58] 张祥平. 私车还是绿房——论温饱和家电之后的龙头产业. 林业经济，1994，2：73～74，30
[59] 徐德权等. 关于公园建筑占地比例的调查研究. 北京园林，1991，3：17～24
[60] 朱凯等（编译）. 计算机在人类社会中的应用. 北京：电子工业出版社，1988
[61] 计概组（编）. 计算机概论. 北京：高等教育出版社，1985
[62] 北师大计算中心（编）. 微型计算机实用手册. 北京：北京师范大学出版社，1985
[63] 陶国峰. 走近一个"神话"——"五笔字型"采访实录. 经济日报，1993年10月18日第7版
[64] 陶国峰. 在"神话"的核心. 经济日报1994年2月7日第5版
[65] 吴良占等（编）. 计算机文字处理与信息管理. 浙江：杭州大学出版社，1990
[66] 李良才（主编）. 汉字dBASE Ⅲ实用教程. 北京：电子工业出版社，1988
[67] 李锦峰（编者）. 如何使用汉字dBASE Ⅲ. 北京：清华大学出版社，1988
[68] 邵品洪等（编）. 计算机情报检索. 北京：电子工业出版社，1986
[69] Г. Б. 科契特柯夫（1977）. 计算机在美国企业管理中的应用——信息系统设计及组织机构. 北京：冶金工业出版社，1982年版
[70] Microsoft Corporation（编）. Windows v3.0用户手册. 北京：电子工业出版社，1991年版
[71] 彭加勒. 科学与假设. 北京：商务印书馆，1989年版

[72] 杨世胜（编）. 计算机在企业管理中的应用. 上海：上海交通大学出版社，1985
[73] 邓聚龙. 灰色系统、社会、经济. 北京：国防工业出版社，1985
[74] 章乃鑫等（编）. 计算机辅助设计. 北京：人民交通出版社，1988
[75] 徐正杰（编者）. 计算机辅助设计与应用. 四川：科学技术文献出版社重庆分社，1988

# 各章节概念出处

**第一章**

第一节 关于园林，参见文献［1］。关于园林业，参见［2］第30～37页。关于技术与经济概念，参见［3］第318页；［4］第4～7页。关于"资源有限"，参见［5］第60～61页。

第二节 关于生态指标，参见［6］第103页。关于美化指标的探讨，参见［7］；［8］。关于有效生产量和保障比积，参见［3］第336、363页。

第三节 关于边际效用、生产可能性、公共产品、法人产品，参见［9］第7、82、123～124页（其中"私人产品"概念只在一部分国家适用，一般说来应称为"法人产品"）。

**第二章**

第一节 关于经济需求的变迁，参见［3］第317、331～368页。关于城市的产生，参见［10］第45～48页。

第二节 关于工业革命导致的技术行为，参见［6］第50～51、89～92页。关于商业运输业、工业、服务业对森林毁损的加剧作用，参见［5］。关于城市及其人口聚集，参见［2］第5～9页。

第三节 关于植被树木对城市环境的作用，参见［11］（该文中列有详细的资料来源）；［2］第11～15页（该书大多数据缺出处，仅供与［11］对比，以便学者引以为戒，不要道听途说）。

第四节 关于需求价格、供给价格、均衡价格、边际成本、消费结构、个人收入，参见［9］第11～23、41、153～158、161页。关于消费效用谱，参见［3］第18页；［6］第49～62、179～182页；［9］第5、153～154页。关于闲暇时间对于经济系统的意义，参见［3］第357～365页。关于七类休闲方式，参见［8］第4页。关于旅游业的发展概况，参见［2］第19～23页。

**第三章**

第一节 关于决策，参见［12］第71～78页。关于经济决策，参见［9］第347～357页。

第二节 关于决策者，参见［12］第75，83～84页；［9］第355页。

第三节 关于决策指标（目标），参见［9］第354页；［12］第80、32页。关于国民收入，参见［9］第160～167页。关于保障比积，参见［3］第363页。关于"刺激需求"，参见［3］第354～361页。

第四节 关于决策程序，参见［12］第79～80页；［9］第354～355页。关于系统模拟及参量表出，参见［6］第65～82、102～105页。关于专家参与，参见［12］第85、87、98～99页。关于反馈调节，参见［6］第92～95、53～54页；［12］第82～83页。关于"复杂系统"和"非线性"，参见［3］第117～122页。关于决策中的乌托邦倾向，参见［13］。

第五节 关于模仿与继承，参见［6］第26～27页。关于决策参照与周期性事件，参见［3］第209页。关于园林决策参照，参见［14］第8～17页。

第六节 关于多目标评价，参见［15］（该书名中"准则"一词译自英文criteria，也可译为"判据"，最好直译为"目标"——这里的criteria其实就是把日常所说的"目标"进行一下数量化。因此，没有必要抛开"目标"一词再"重设"一个新概念。尤其对于面向公众的社会性评估而言，过于专业化的术语还是越少越好）；［12］第92～94页。关于不能只靠自发性来维护多数人的利益，以及组织管理知识的重要性，参见［13］；［3］第280～281页。关于发达国家在发展初期向海外移民，以及在发展之后转向不发达地区毁损森林，参见［5］。

**第四章**

第一节 关于经济效益，参见［3］第336～337、345、349、356页，关于园林经济效益，参见［2］第

76~102页。

第二节 关于规模效益,参见[9]第79~81页。关于园林布局,参见[14]第12~13页。

第三节 关于狭义系统和广义系统,参见[6]第68~72页。关于产业结构,参见[3]第358~359页。关于分配结构,参见[3]第353~354页。关于上海市的园林结构,参见[2]第63页。关于线性规划,参见[16]第1~14、82~88页。

第四节 关于生产函数、边际收益递减、合理投入,参见[9]第65~66、74~78页。关于紧张应变和计算机辅助调节,参见[6]第92~95页。关于主要产品投入产出表,参见[17]第71~76、133~140页。

第五节 关于最大利润原则、货币、以及所谓"正常"经济行为,参见[9]第48、87、367页。关于金钱的异化,参见[3]第291~295页;[6]第100、54页。关于内在利润率,参见[18]第77~83页;[19],关于资金财务效益的简化指标,参见[20]第126~127页。关于资金来源去向表,参见[21]。

## 第五章

第一节 关于经济管理,参见[22];[23]前言第2~12页。其中理论都是客观介绍,不要误解为每种管理理论都有充分证据。其实有些理论本身含有矛盾,如[22]第31页及[23]第3页"管理不同于经营"的说法,把技术、商业、财务、安全、会计与管理并列,其实管理正是面向前面五种活动的,在层次上并不相同——可以有技术管理、商业管理、财务管理等,却不能有管理商业(把管理作为商业活动),而管理财务则是一个动宾结构;至于管理技术,也只是约定俗成的说法,如同"演讲技术"、"写作技巧"等,并不具有特殊的行为内涵。

关于误差调节,参见[6]第93~95页。关于全面质量管理,参见[2]第169~171页;[14]第83页。关于准科学,参见[6]第52~54页。关于"X理论"、"Y理论"、"Z理论",参见[12]第29~30页;[22]第101~105、206~209页;[12]第29页;[23]。关于"归属、安全、自尊、自我实现"需求,参见[22]第83~87页;[9]第5页。关于日本企业汲取中华文化,参见[24]。

第二节 关于"质"的识别,参见[25]。关于园林施工规程及标准,参见[14]第18、15页;[2]第174~176页。关于园林建设质量管理的特殊性,参见[2]第172页。关于园林养护管理及相关的法规,参见[14]第20~24页;[2]第63~86页。关于公共关系,参见[26];[27];[28]。

第三节 关于网络计划技术,参见[12]第93~94、98页;[29]第152~166页;[22]第226~227页。关于资源约束背景下的原料供应问题,参见[30]第72~85、34~56页。关于定额管理,参见[22]第15~27页;[2]第88~90页。关于责任承包或目标管理,参见[22]第175~185页。关于管理人员教育水平级次,参见[6]第八章。关于实践经验及其总结,参见[22]第169~173、188~192页。关于权变及表5~1,参见[22]第192~197页。

第四节 关于管理机构,参见[22]第43~48、197~205页。关于非正式组织,参见[22]第73~79页。关于管理机构模式,参见[29]第33~36页;[22]第182~188页。关于图5~3,参见[14]第114~117页。关于园林建设中的甲乙方立项程序,参见[2]第35~47页。

## 第六章

第一节 关于化物为权(占有资源)在人类文化中的地位和作用,参见[6]第25~28、89~91页;[31]第28~31、37~39、216~219页。关于"周转"对经济系统的重要性,参见[30]第181~194、271~287页。关于服务业,参见[32]第535~538、819~820页。

第二节 关于物资计划及相关管理,参见[2]第181~188页。关于计划分配物资,参见[12]第198~199页。关于物资储备定额,参见[33]第125~126页。

第三节 关于设备管理,参见[2]第188~196页。关于管理指标,参见[33]第166页。关于可靠性管理、检修及设备寿命,参见[29]第134~137、125~126页。

第四节 关于中华与欧美审美情趣的差异性和互补性,参见[34]。关于"隐秘"的心理基础,参见[35]。

第五节 关于基础设施管理,参见[14]第26~28页。

第六节 关于预算收入的"筹资",参见 [36] 第369～373页。关于"预算",参见 [18] 第244～248页。关于"国家预算",还请参见 [37] 第1～32页；[18] 第114～123、47～57页。关于园林部门的财务管理,参见 [2] 第226～236页。关于"决算"及"季度收支计划",参见 [37] 第231～262、219～223页。关于财务监督,参见 [18] 第281～282页；[37] 第277～283页。关于"审计",还请参见 [12] 第284～288页。关于"资金周转率",参见 [33] 第145页；[29] 第89～91页。关于保险,参见 [38]。

第七节 关于公园的经营,参见 [2] 第126～128页。关于上海五针松苗木价格变化,参见 [2] 第71～72页。关于市场价格,参见 [9] 第16～17、49～50、51～52、53～54、59、90～92页。关于生产要素的货币成本（价格）,参见 [9] 第71～72、101～122页。关于市场调查和预测,参见 [39] 第17～21、47～50、59～64、104～288页。关于中国的环境条件与文化对市场的作用,参见 [3] 第256～264页。

## 第七章

第一节 关于人及人类社会在文化方面的发展,参见 [6] 第25～37、67～84页。关于人类社会在经济方面的发展,参见 [3] 第331～368页；[6] 第49～52、89～95页。关于从文化和经济这两个视角同时观察人类社会的发展,参见 [3] 第315～330页。关于对市场竞争系统的世界性反思及出路,参见 [40]、[41]。关于人员管理,参见 [12] 第127页；[33] 第109～111页。

第二节 关于技能管理,参见 [2] 第145～154、165～166页；[33] 第93～95、99～100、102～103、109～111页；[12] 第143～151页。

第三节 关于知能管理,参见 [2] 第202～206页；[14] 第80～82页；[12] 第130～132、138～143页。

第四节 关于人才概念,参见 [42] 第140～149、176～190、207～216、241～251页。关于人才素质（人文变量）,参见 [42] 第409～421、487～494、501～502页。关于"规范与事实相比"（敏锐）,参见 [43] 第27、20页；[6] 第42～43、209页。关于"专注",参见 [44] 第156～160页。关于"开拓或创新意向",参见 [45] 第180、90页。关于人才"培养"年龄模式,参见 [42] 第334～342页。关于局部人才相对过剩、人才流动、协作攻关,参见 [42] 第252～261、289～303、350～351、349～350页；[46]。

第五节 关于"群体"概念,参见 [47] 第328～331页；[48] 第529～533、515～517、54～59页。关于小群体,参见 [47] 第329、339、341页。关于"信任、微妙性、亲密性",参见 [23] 第4～8页。关于"终身雇佣、长期考察（培养）、多样经历",参见 [23] 第14～32页。关于"从模糊的整体宗旨到明确的局部指标",参见 [23] 第33～36页。关于文化差异对群体管理的影响,参见 [23] 第18～21、34～36、38～39、44～47页。关于集体决策和集体的价值观（平均主义）,参见 [23] 第36～38、41～45页。关于群体结构,参见 [42] 第304～333页；[48] 第515、518、533～549页。

第六节 关于"信息",参见 [49] 第7～9、90～92页；[36] 第124～135页；[50] 第133页。

关于专有名词、类别名词、重设名词、虚设名词、影子名词,参见《墨子·经上》中"私名"、"类名"和"达名"；《荀子·正名》中"散名"、"共名（大共名）"和"辞"、"命"、"奇辞"、"彼名辞"和"刃"。关于重复名词,参见《墨子·经说上》中"重同"；《荀子·正名》中"文名"。关于行为动词、心理动词,参见《墨子·经上》中"为"、《荀子·正名》中"征知"。关于可确认事实和广义事实,参见《荀子·正名》中"验之所以为有名"和"无稽之言"。

关于事物分类,参见 [6] 第14～21页。关于技术档案、时效（保管期）、编码、保管单位、检索、介绍、取用、剔出,参见 [51] 第1～7、48、52～55、62～63、94、64～73、73～83、83～89、121～124、124～125、125～130、102～103页。关于信息筛选（滤波）、复原、编码,参见 [52] 第123～336页。

第七节 关于现代化在城市中表现得最为明显,参见 [53] 第48页。关于忽视整合过程的经济学在解决城市问题时陷入困境,以及有关问题的特殊性,参见 [54] 第4～10、48～49、155～160、160～161、130～131、83、79等页。关于外国国家公园,参见 [55]。关于我国的森林公园及自然保护区,参见 [56] 第76～83页；[57] 第69～76页。关于绿房,参见 [58]、[13]。关于日本国民生活时间的分配及我国老人闲暇时间的分配,参见 [2] 第24、29页。关于我国公园内建筑面积,参见 [59]。

## 第八章

第一节　关于计算机的功能，参见［60］第1、151、131～136、60、26、96～97、109～121页；［61］第256～273页。

第二节　关于IBMPC机的使用，参见［62］第392页。关于"五笔字型"，参见［63］、［64］；［65］第43～70页。

第三节　关于dBASE Ⅲ 微机数据库管理系统，参见［66］前言、第10、25～27、30～44、253～279页。关于自己学习（开发）dBASE Ⅲ，参见［67］。

第四节　关于情报及情报检索，参见［68］第1～10页。关于利用计算机进行情报收集，参见［69］第10页。关于联机情报检索及图书检索，参见［68］第163～164、192～194、176～177页。关于电子化工具书，参见［68］第188页。关于主动情报收集，参见［69］第18～19页。关于"微软窗"，参见［70］第1～10、157～184页。

第五节　关于理化规律的统计性质，参见［71］第101～102、105～111、92～96页。关于模拟仿真及优选决策（支持系统），参见［72］第206～238、440～454页；［36］第654～685页；［73］第4～17、251～263页。关于线性规划的计算机程序，参见［16］第166～244页。

第六节　关于"设计"，参见［74］第7页。关于计算机辅助设计，参见［60］第74～75页；［61］第262～264页；［75］第41～51、188页。关于"微软窗"绘图辅助，参见［70］第163页。

## 《园林植物·营建·管理丛书》编委会

主　任：赵祥云
副主任：刘克锋　李君凤　耿玲悦　高润清　孙亚利
编　委：（以姓氏笔画为序）
　　　　孙亚利　刘克锋　李　征　李君凤　冷平生
　　　　陈自新　陈沛仁　张祥平　赵祥云　柳振亮
　　　　郭宗华　耿玲悦　高润清　巢时平　龚学坚
　　　　韩　劲　鲁振华